Luquet (J.)

Abrégé d'arithmétique

1874

ABRÉGÉ

D'ARITHMÉTIQUE

ABRÉGÉ

D'ARITHMÉTIQUE

A L'USAGE DES CLASSES PRIMAIRES

RENFERMANT DE NOMBREUX EXERCICES ET PROBLÈMES

PAR

I. LUQUET

PROFESSEUR DE MATHÉMATIQUES.

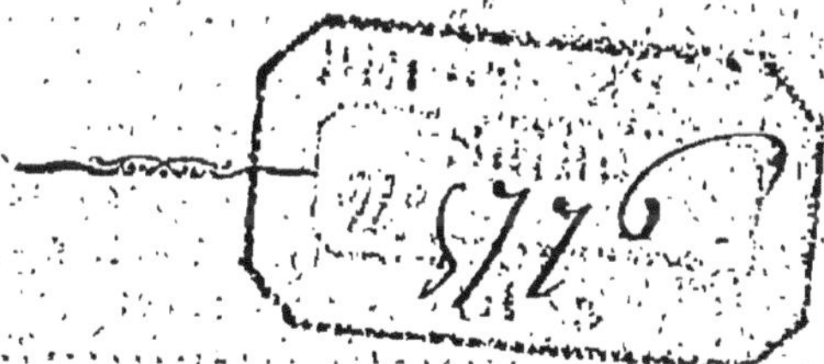

PARIS

LIBRAIRIE CLASSIQUE DE CH. FOURAUT ET FILS

47, RUE SAINT-ANDRÉ-DES-ARTS, 47

—

1874

ABRÉGÉ
D'ARITHMÉTIQUE.

CHAPITRE PREMIER.
Notions préliminaires.

L'*Arithmétique* est une science qui a pour [obje]t l'étude des nombres et des opérations aux[que]lles on les soumet.

Le *nombre*, c'est l'unité, ou la réunion d'uni[tés], ou la réunion de parties de l'unité. Un, trois, [sept] francs, huit centimètres, deux cinquièmes [sont] des nombres.

Nommer quatre nombres inférieurs à dix.

Nommer quatre nombres supérieurs à dix, mais [infé]rieurs à vingt.

Nommer quatre nombres supérieurs à trente, [mai]s inférieurs à cent.

Nommer quatre nombres supérieurs à cent, [mai]s inférieurs à mille.

Nommer quatre nombres compris entre cent et [deu]x cents.

Nommer quatre nombres compris entre cent [cinq]uante et trois cents.

Nommer quatre nombres compris entre sept [cent]s et neuf cents.

L'*unité*, c'est le nombre *un*; c'est aussi la [cho]se que l'on considère dans le nombre : ainsi dans [troi]s pommes, la *pomme* est l'unité; dans *quatre* [noix], la *noix* est l'unité.

8. Désigner l'unité dans les nombres suivants : six chevaux, douze pommes, huit hommes, seize livres, trente-deux fenêtres, quarante moutons, soixante poules, deux cents sacs, quatre cents maisons.

9. Composer quatre nombres dans lesquels la noix sera l'unité.

10. Composer quatre nombres dans lesquels le livre sera l'unité.

11. Composer quatre nombres dans lesquels le tonneau sera l'unité.

12. Composer quatre nombres, dans lesquels le cahier sera l'unité.

13. Composer quatre nombres dans lesquels l'arbre sera l'unité.

4. Il y a plusieurs sortes de nombres :

Sous le rapport de leur composition, on distingue : le nombre entier, le nombre décimal, la fraction et le nombre complexe.

5. Le nombre *entier* ne contient que des unités entières. Ex.: *Trois chaises, dix bancs.*

6. Le nombre *décimal* contient des parties de l'unité qui sont de dix en dix fois plus petites. Ex.: *Trois francs vingt-cinq centimes, deux mètres quinze centimètres.*

7. La *fraction* contient une ou plusieurs parties égales de l'unité. Ex. : *Un tiers, trois quarts, deux septièmes.*

8. Le nombre *complexe* contient des parties de l'unité qui ne sont pas soumises à la loi décimale. Ex. : *Trois heures vingt minutes, douze degrés dix-huit secondes.*

14. Nommer dix nombres entiers.

15. Nommer dix nombres décimaux.

16. Nommer dix fractions.

17. Nommer dix nombres complexes.

*Dire si les nombres suivants sont entiers, décimaux,
fractionnaires ou complexes:*

18. Vingt, soixante, deux cent dix, six unités trois
dixièmes, quarante unités, trente-sept unités, cinq
mètres vingt-neuf décimètres, neuf cent soixante-
huit francs, trois cent dix-sept unités cinq centièmes,
quarante-deux kilogrammes, vingt-six centièmes,
trois septièmes, six unités, cent quarante-quatre,
deux cent trente-deux francs dix-huit centimes, sept
heures deux minutes, trois cents francs, quatre heures
trente-deux minutes.

19. Seize, quatre neuvièmes, mille neuf cents,
vingt minutes six secondes, trois cent trente-sept,
quatre cent dix grammes, dix unités quatre centièmes, cinq heures dix-sept minutes, sept francs
quarante centimes, six mille francs, une heure seize
minutes, un gramme quatre-vingts centigrammes.

20. Onze grammes, soixante-six centimes, vingt-
neuf francs, trois cents, quatre francs dix-sept centimes, trente mètres vingt-deux centimètres, quatre
décimètres, neuf cents chevaux, dix-huit kilogrammes vingt grammes, neuf heures quinze minutes, trois degrés onze secondes.

QUESTIONNAIRE.

1. Qu'est-ce que l'Arithmétique? — **2.** Qu'est-ce que le nombre?
— **3.** Qu'est-ce que l'unité? — **4.** Combien, sous le rapport de leur
composition, y a-t-il de sortes de nombres? — **5.** Qu'est-ce que le
nombre entier? — **6.** Qu'est-ce que le nombre décimal? — **7.** Qu'est-
ce que la fraction? — **8.** Qu'est-ce que le nombre complexe?

CHAPITRE II.

Numération des nombres entiers.

9. La *numération* est l'art de former les nombres, de les écrire et de les énoncer.

10. Il y a deux sortes de numérations : la numération parlée et la numération écrite.

11. La numération *parlée* a pour objet de former les nombres et de les énoncer. La numération *écrite* a pour objet de les représenter.

§ Ier. Numération parlée.

12. On a formé les nombres en ajoutant successivement l'unité à elle-même ; on a eu de cette manière : *un, deux, trois, quatre, cinq, six, sept, huit, neuf.* Ce sont les unités du *premier ordre.*

En ajoutant une unité à neuf, on a eu *dix* ou *une dizaine*, unité du *deuxième ordre.* Comptant ensuite par dizaines comme par unités, on a eu :

Une   dizaine ou *dix.*
Deux   dizaines ou *vingt.*
Trois   dizaines ou *trente.*
Quatre dizaines ou *quarante.*
Cinq   dizaines ou *cinquante.*
Six   dizaines ou *soixante.*
Sept   dizaines ou *soixante-dix.*
Huit   dizaines ou *quatre-vingts.*
Neuf   dizaines ou *quatre-vingt-dix.*

La réunion de dix dizaines forme *un cent* ou *une centaine*, unité du *troisième ordre.*

13. Pour nommer les nombres compris entre deux dizaines consécutives, on ajoute au nom de la dizaine, jusqu'à soixante, les noms des neuf premiers nombres. Ex. :

Dix-un ou *onze*, dix-deux ou *douze*, dix-trois ou *treize*, dix-quatre ou *quatorze*, dix-cinq ou *quinze*, dix-six ou *seize*, dix-sept, dix-huit, dix-neuf.

Vingt, vingt et un, vingt-deux. . . . .

Trente, trente et un, trente-deux. . . . .

Cinquante, cinquante et un, cinquante-deux.. .

A soixante et à quatre-vingts, on ajoute les noms des dix-neuf premiers nombres. Ex. :

Soixante, soixante et un. . . . . soixante-dix, soixante et onze. . . . . soixante-dix-neuf.

Quatre-vingts. . . . . quatre-vingt-dix-sept, quatre-vingt-dix-huit, quatre-vingt-dix-neuf. . .

Nota. *Au moyen du boulier-compteur, de jetons ou de petites pierres, le maître fera voir que la réunion de dix objets forme une dizaine et que la réunion de dix dizaines forme une centaine.*

Former les nombres suivants au moyen du boulier-compteur ou de jetons :

21. Un, deux, trois, quatre, cinq, six, sept, huit, neuf, dix.

22. Sept, quatre, trois, cinq, onze, quinze, douze, vingt.

23. Dix-huit, trente, vingt-deux, neuf, quatorze, quarante-deux, cinquante, cinquante-six.

24. Soixante, vingt-huit, trente, six, quarante-trois, soixante-deux, trente-sept, cinquante-huit, soixante-douze.

25. Cinquante-cinq, quarante-deux, trente-six, quatre-vingt-trois, soixante-six, quatre-vingt-douze, seize, vingt et un.

Décomposer en unités et en dizaines les nombres suivants :

26. Dix-sept, dix-neuf, vingt-six, vingt-deux, seize, treize, trente, vingt-quatre, dix-huit, douze.

27. Vingt-deux, vingt-quatre, vingt-six, vingt-huit, vingt-trois, vingt-neuf, trente, trente-trois.

28. Quarante et un, quarante-six, quarante-cinq, quarante-neuf, cinquante, cinquante-huit.

14. Pour former les nombres au-dessus de cent, on ajoute la centaine à elle-même jusqu'à dix fois cent ou *mille*, unité du *quatrième ordre* ; ce qui donne :

Un cent, deux cents. . . . . . neuf cents.

Dix fois cent ou mille.

Entre chaque centaine on intercale les noms des quatre-vingt-dix-neuf premiers nombres, de cette manière :

Cent un, cent deux, cent trois. . . . . . cent quatre-vingt-dix-neuf.

Deux cents, deux cent un. . . . . . deux cent quatre-vingt-dix-neuf. . . . .

Neuf cents, neuf cent un, neuf cent deux. . . . neuf cent quatre-vingt-dix-neuf.

Exercices oraux.

29. Compter de cent à deux cents.
30. — de deux cents à trois cents.
31. — de trois cents à quatre cents.
32. — de quatre cents à cinq cents.
33. — de cinq cents à six cents.
34. — de six cents à sept cents.
35. — de sept cents à huit cents.
36. — de huit cents à neuf cents.
37. — de neuf cents à mille.

Exercices oraux.

Décomposer en unités, en dizaines et en centaines les nombres suivants :

38. Cent dix-huit, cent vingt-deux, cent trente-quatre, cent cinquante-huit, cent soixante, cent soixante-sept, cent soixante-quinze.

39. Deux cent quarante, trois cent vingt et un, trois cent trente-six, quatre-vingt-neuf, six cent soixante-sept, huit cent quarante-trois.

40. Cinq cent trente-sept, six cent trente-deux, quatre cent quatre-vingt-deux, sept cent trente-six, neuf cent douze, huit cent quatre-vingt-seize.

Exercices sur la formation des nombres.

41. Former le nombre composé de trois dizaines et de quatre unités.

42. Former le nombre composé de quatre unités, de sept dizaines et de huit centaines.

43. Former le nombre composé de six unités, de cinq dizaines et de huit centaines.

44. Former le nombre composé de six centaines, de huit dizaines et de neuf unités.

45. Former le nombre composé de sept unités et de neuf centaines.

46. Former le nombre composé de quatre centaines et de huit dizaines.

47. Eugène a dans un sac quatre-vingts billes; il en a donné huit à Paul; combien en avait-il en tout?

48. Louis a reçu vingt francs de son grand-père et six francs de son parrain; combien a-t-il reçu en tout?

49. En totalisant les bons points de son livret pour les mois d'octobre, de novembre et de décembre, Estelle en trouve huit pour le premier mois, trente pour le deuxième et deux cents pour le troisième; combien en a-t-elle en tout?

15. On compte par mille comme avec les neuf cent quatre-vingt-dix-neuf premiers nombres ; ce qui donne :

Un mille, deux mille. . . . . dix mille, onze mille. . . . .

. . . . Cent mille, deux cent mille. . . . . . neuf cent mille. . . . . .

Neuf cent quatre-vingt-dix-neuf mille.

Entre chaque mille on intercale les noms des neuf cent quatre-vingt-dix-neuf premiers nombres.

16. La *dizaine de mille* est l'unité du *cinquième ordre* ; la *centaine de mille*, l'unité du *sixième ordre*.

17. *Mille fois mille* font *un million*, unité du *septième ordre*.

18. *Mille millions* font un *billion*, unité du *dixième ordre*.

19. LOIS DÉDUITES DE LA NUMÉRATION PARLÉE.

1° Il faut dix unités d'un ordre quelconque pour former une unité de l'ordre immédiatement supérieur.

2° Les trois premiers ordres : unités, dizaines, centaines, forment une première classe appelée la classe des *unités*. Les trois ordres suivants forment la classe des *mille*. On a de même la classe des *millions*, celle des *billions*, etc.

QUESTIONNAIRE.

9. Qu'est-ce que la numération ? —10. Combien y a-t-il de sortes de numérations ? — 11. Qu'est-ce que la numération parlée ? — 12. Comment a-t-on formé les nombres ? — 13. Comment nomme-

t-on les nombres compris entre deux dizaines consécutives. —
14. Comment forme-t-on les nombres au-dessus de cent? — 15. Comment compte-t-on par mille? — 16. Quelle est l'unité du cinquième ordre, — l'unité du sixième ordre? — 17. Combien faut-il de mille pour faire un million? — 18. Combien faut-il de millions pour faire un billion? — 19. Dites les lois déduites de la numération parlée.

§ II. Numération écrite.

20. On représente les nombres au moyen de signes appelés *chiffres*, qui sont :

1 2 3 4 5 6 7 8 9 0

Un, deux, trois, quatre, cinq, six, sept, huit, neuf, zéro.

21. Les neuf premiers chiffres représentent les neuf premiers nombres ; ils sont appelés chiffres *significatifs*.

22. Le zéro n'a par lui-même aucune valeur ; il sert à remplacer les ordres d'unités qui peuvent manquer dans la dictée d'un nombre.

50. *Exercer les enfants à l'écriture des chiffres dans les cahiers et au tableau.*

MODÈLE DE CHIFFRES MANUSCRITS.

1 2 3 4 5 6 7 8 9 0

Un, Deux, Trois, Quatre, Cinq, Six, Sept, Huit, Neuf, Zéro.

23. Pour représenter les dizaines, on écrit successivement les neuf premiers chiffres que-l'on fait suivre du zéro. Ex. :

Dix, Vingt, Trente, Quarante, Cinquante, Soixante,
10   20   30   40   50   60
Soixante-dix, Quatre-vingts, Quatre-vingt-dix.
70   80   90

51. Écrire : vingt, quarante, trente, soixante, cinquante, quatre-vingt-dix, soixante-dix.

1.

24. Pour représenter les nombres intermédiaires, on remplace le zéro successivement par chacun des neuf premiers chiffres, et l'on écrit :

Onze, 11. — Douze, 12. — Treize, 13 . . . . . Dix-neuf, 19 . . Vingt et un, 21. — Vingt-deux, 22. — Vingt-trois, 23 . . . Vingt-neuf, 29 . . . .

Cinquante et un, 51. — Cinquante-deux, 52 . . .

Quatre-vingt-onze, 91.—Quatre-vingt-dix-neuf, 99.

TABLEAU DES 99 PREMIERS NOMBRES EN CHIFFRES MANUSCRITS.

1, 2, 3, 4, 5, 6, 7, 8, 9,
10, 11, 12, 13, 14, 15, 16, 17, 18, 19,
20, 21, 22, 23, 24, 25, 26, 27, 28, 29,
30, 31, 32, 33, 34, 35, 36, 37, 38, 39,
40, 41, 42, 43, 44, 45, 46, 47, 48, 49,
50, 51, 52, 53, 54, 55, 56, 57, 58, 59,
60, 61, 62, 63, 64, 65, 66, 67, 68, 69,
70, 71, 72, 73, 74, 75, 76, 77, 78, 79,
80, 81, 82, 83, 84, 85, 86, 87, 88, 89,
90, 91, 92, 93, 94, 95, 96, 97, 98, 99.

52. Écrire une page de chiffres, en employant seulement les nombres compris entre 10 et 20.

53. Répéter l'exercice précédent pour chacune des dizaines jusqu'à 99.

Écrire en chiffres les nombres suivants :

54. Vingt-cinq, trente-deux, cinquante-quatre, soixante dix-huit, vingt-neuf, trente.

55. Trente-six, quarante-quatre, quarante-huit, soixante et un, trente-neuf, seize, trente et un, soixante-trois, dix-sept.

56. Vingt-sept, cinquante-deux, vingt-six, cinquante-neuf, soixante-douze, soixante-quinze.

25. Pour représenter les centaines, on écrit successivement chacun des neuf premiers chiffres, que l'on fait suivre de deux zéros. Ex. :

cent, deux cents, trois cents, quatre cents, cinq cents,
100   200   300   400   500

six cents, sept cents, huit cents, neuf cents.
600   700   800   900

26. Pour représenter les nombres compris entre deux centaines, il y a deux cas à observer. :

1° Si le nombre à ajouter aux centaines est inférieur à 10, on remplace le premier zéro à droite par ce nombre. Ex. :

Cent un, 101. — Cent deux, 102. — Cent trois, 103. — Cent quatre, 104. — Cent cinq, 105.

2° Si le nombre à ajouter est supérieur à dix; on remplace les deux zéros par ce nombre. .

Ex. : Cent onze, 111. — Cent douze, 112. — Cent vingt, 120. — Cent soixante-quatre, 164.

Ecrire en chiffres, d'après le 1ᵉʳ cas :

57. Deux cent un, deux cent deux, deux cent trois, deux cent quatre, deux cent cinq, deux cent six, deux cent sept, deux cent huit, deux cent neuf.

58. Trois cent un, trois cent deux, trois cent trois, trois cent quatre, trois cent cinq, trois cent six, trois cent sept, trois cent huit, trois cent neuf.

59. Quatre cent un, quatre cent deux, quatre cent trois, quatre cent quatre, quatre cent cinq, quatre cent six, quatre cent sept, quatre cent huit, quatre cent neuf.

60. Cinq cent un, cinq cent deux, cinq cent trois, cinq cent quatre, cinq cent cinq, cinq cent six, cinq cent sept, cinq cent huit, cinq cent neuf.

61. Six cent un, six cent deux, six cent trois, six cent quatre, six cent cinq, six cent six, six cent sept, six cent huit, six cent neuf.

62. Sept cent un, sept cent deux, sept cent trois, sept cent quatre, sept cent cinq, sept cent six, sept cent sept, sept cent huit, sept cent neuf.

63. Huit cent un, huit cent deux, huit cent trois, huit cent quatre, huit cent cinq, huit cent six, huit cent sept, huit cent huit, huit cent neuf.

64. Neuf cent un, neuf cent deux, neuf cent trois, neuf cent quatre, neuf cent cinq, neuf cent six, neuf cent sept, neuf cent huit, neuf cent neuf.

Ecrire, d'après le 2ᵐᵉ cas, les nombres compris :

65. Entre cent neuf et deux cents.
66. Entre deux cent neuf et trois cents.
67. Entre trois cent neuf et quatre cents.
68. Entre quatre cent neuf et cinq cents.
69. Entre cinq cent neuf et six cents.
70. Entre six cent neuf et sept cents.
71. Entre sept cent neuf et huit cents.
72. Entre huit cent neuf et neuf cents.
73. Entre neuf cent neuf et mille.

Ecrire en chiffres les nombres suivants :

74. Cent vingt, cent seize, cent dix-huit, cent dix-sept, cent trente-deux, cent trente-quatre, cent quarante-huit.

75. Deux cent dix, deux cent trois, deux cent quarante et un, deux cent cinquante-cinq, deux cent six, deux cent dix-neuf.

76. Trois cent dix-sept, trois cent trente-deux,

trois cent vingt-huit, trois cent soixante-deux, trois cent soixante-quinze.

77. Quatre cent vingt-trois, quatre cent cinquante-trois, quatre cent soixante-six, quatre cent quatre-vingt-deux, quatre cent quatre-vingts.

78. Cinq cent sept, cinq cent vingt-quatre, cinq cent quatre-vingt-six, cinq cent douze, cinq cent sept, cinq cent soixante-seize.

79. Six cent quatre, six cent vingt-neuf, six cent trente-huit, six cent quarante-quatre, six cent soixante-trois, six cent neuf.

80. Sept cent vingt-sept, sept cent quatre-vingt-douze, sept cent trente-cinq, sept cent soixante-six, sept cent quatre-vingt-dix-neuf.

81. Huit cent quatorze, huit cent dix, huit cent cinquante, huit cent trente-neuf, huit cent dix-sept, huit cent vingt-cinq.

82. Neuf cent trente, neuf cent trente-six, neuf cent trente-deux, neuf cent quarante-sept, neuf cent vingt-huit.

83. Cinq cent dix-neuf, huit cent trente-deux, neuf cent soixante-sept, six cent quarante-trois, sept cent neuf, huit cent quinze.

ÉCRITURE D'UN NOMBRE QUELCONQUE.

27. Pour écrire sous la dictée un nombre quelconque, on écrit, au fur et à mesure qu'on les entend nommer, et de gauche à droite, les centaines, les dizaines et les unités de chaque classe, en commençant par la classe la plus élevée ; si un ordre vient à manquer, on met un zéro à sa place ; si une classe entière manque, on la remplace par trois zéros. Ainsi, le nombre sept millions deux cent six mille quatre cent vingt-huit, s'écrira : 7 206 428.

TABLEAU DES DIFFÉRENTES CLASSES D'UNITÉS DANS L'ORDRE OÙ ELLES DOIVENT ÊTRE ÉCRITES.

BILLIONS.			MILLIONS.			MILLE.			UNITÉS.		
C.	D.	U.	C.	D.	U.	C.	D.	U.	C.	D.	U.
12e rang.	11e rang.	10e rang.	9e rang.	8e rang.	7e rang.	6e rang.	5e rang.	4e rang.	3e rang.	2e rang.	1er rang ou 1er ordre.

Écrire en chiffres les nombres suivants :

(NOTA. Le maître pourra faire exécuter au tableau des exercices analogues à ceux qui suivent, et réserver ceux-ci pour devoirs à faire sur les cahiers.)

84. Mille quatre cent vingt-six, mille cinq cent dix-huit, mille sept cent trente-quatre, mille six cent douze, mille sept cent quarante-trois, mille sept cent vingt-neuf.

85. Deux mille huit cent quinze, deux mille quatre cent soixante, deux mille sept cent vingt-huit, deux mille quatre cent cinquante et un, deux mille six cent huit.

86. Trois mille quatre cent cinquante-six, trois mille deux cent quatre-vingt-quatre, trois mille sept cent trente-deux, trois mille six cent cinquante-sept.

87. Huit mille deux cent trente-deux, huit mille neuf cent soixante-trois, huit mille sept cent soixante-douze, huit mille deux cent cinq.

88. Neuf mille trois cent quatre, sept mille quarante-neuf, deux mille six cent huit, sept mille trente-neuf, six mille deux cent trois.

89. Trois mille sept, quatre mille cinq, six mille

neuf, deux mille douze, sept mille quinze, huit mille trois, sept mille dix-neuf.

90. Dix-huit mille quatre cent vingt-trois, vingt mille six cent soixante-trois, douze mille sept cent quarante-six, trente mille neuf cent vingt-huit.

91. Trente-trois mille quatre cent sept, quarante-deux mille vingt-huit, soixante-sept mille neuf, vingt-huit mille quatre.

92. Deux cent trente-huit mille sept, cent dix-neuf, cinq cent soixante-quatre mille sept cent dix-huit, neuf cent cinquante-six mille cent vingt-deux.

93. Trois cent vingt-quatre mille six cent un, neuf cent seize mille cinq cent trois, huit cent trente-trois mille six, cent vingt-sept mille neuf.

94. Six cent dix-huit mille trois, sept cent cinq mille deux cents, huit cent mille quatre, sept cent trois mille dix-sept, cinq cent mille quatorze.

95. Trois millions cinq cent dix-huit mille sept cent vingt-cinq, deux millions quatre cent trente-trois mille deux cent neuf, huit millions cinq cent sept mille trois cent quatre-vingt-douze.

96. Vingt-deux millions cinq cent trente-cinq mille neuf cent dix-huit, seize millions sept cent trente-deux mille six cent vingt-sept, douze millions sept cent vingt mille trois.

97. Quatre cent trente-six millions huit cent vingt-quatre mille sept cent soixante, dix-neuf millions six mille sept, vingt-deux millions sept mille trois cents.

98. Neuf millions neuf mille neuf, sept cents millions sept mille sept cents, seize millions dix-huit, mille soixante-douze, trois cent seize mille deux.

LECTURE DES NOMBRES.

28. La lecture des nombres de moins de quatre chiffres a été apprise en même temps que l'écriture de ces nombres.

Lire les nombres suivants :

99. 17, 61, 43, 52, 68, 54, 74, 75, 96, 93, 78.
100. 32, 47, 51, 60, 80, 18, 47, 59, 61, 87, 262.
101. 127, 168, 236, 415, 619, 829, 212, 615, 71.
102. 218, 327, 438, 951, 616, 515, 729, 803, 99.
103. 601, 710, 703, 820, 766, 888, 909, 534, 41.

Ecrire en lettres les nombres suivants :

104. 22, 64, 53, 36, 49, 30, 70, 25, 19, 12, 29.
105. 73, 45, 52, 68, 74, 59, 13, 15, 17, 28, 77.
106. 712, 806, 563, 368, 683, 722, 841, 160, 91.
107. 203, 618, 824, 451, 730, 809, 507, 906, 84.
108. 224, 361, 164, 674, 467, 978, 879, 888, 75.

29. Quand le nombre à lire a plus de trois chiffres, on le partage, à partir de la droite, en classes de trois chiffres, puis on lit chaque classe comme si elle était seule, en commençant par la plus élevée. Ex. : le nombre 17503120 se lit : dix-sept millions cinq cent trois mille cent vingt unités.

Lire les nombres suivants :

109. 1236, 1451, 1663, 2518, 4735, 7824, 2648.
110. 4275, 2770, 6708, 4950, 7804, 8206, 3722.
111. 3503, 3600, 2800, 9067, 8024, 7409, 9504.

Ecrire en lettres les nombres suivants :

112. 2415, 6731, 2812, 5413, 5315, 7243, 8649.
113. 3548, 8432, 9887, 1001, 6004, 6025, 7706.
114. 9435, 5789, 8301, 9405, 5043, 2739, 3002.

Lire les nombres suivants :

115. 20373, 60412, 32619, 54819, 20437, 16538.
116. 32064, 52814, 93542, 39608, 30025, 40005.

Ecrire en lettres les nombres suivants :

117. 63428, 48921, 32647, 53825, 63248, 50849.
118. 17141, 21901, 61451, 52003, 15027, 30008.

Lire les nombres suivants :

119. 423534, 635821, 837540, 263400, 327908.
120. 219455, 667003, 324048, 827054, 820536.

Écrire en lettres les nombres suivants :

121. 293556, 418927, 363859, 207422, 315661.
122. 867219, 257336, 820064, 964506, 806200.

Lire les nombres suivants :

123. 316624, 8460509, 6430730, 8360205, 703004.
124. 67741, 20805, 21709, 33450, 60219, 980004.
125. 81306108, 219, 548000, 3460003, 7024, 87340.

Écrire en lettres les nombres suivants :

126. 603, 70415, 401, 17440, 32805, 903, 64, 94.
127. 670438, 537, 1043, 15630, 925, 812, 4017.

MOYEN DE RENDRE 10, 100, 1000, ETC., FOIS PLUS GRAND UN NOMBRE ENTIER.

30. Pour rendre un nombre entier 10 fois plus grand, on ajoute un zéro à sa droite : on fait ainsi avancer d'un rang vers la gauche chaque ordre, qui exprime alors des unités dix fois plus fortes.

Pour le rendre 100 fois plus grand, on ajoute deux zéros ; pour le rendre 1000 fois plus grand, on en ajoute trois, etc.

Ex. : le nombre 237 rendu 10, 100, 1000 fois plus grand, devient successivement : 2370, 23700, 237000.

Rendre successivement 10 fois, 100 fois, 1000 fois plus grands les nombres suivants :

128. 42, 58, 64, 56, 37, 49, 71, 512, 216, 9358.
129. 625, 736, 884, 269, 5305, 927, 583, 4961, 253.
130. 8405, 273, 1810, 938, 842, 81405, 619. 773.

MOYEN DE RENDRE 10, 100, 1000, ETC., FOIS PLUS PETIT UN NOMBRE ENTIER TERMINÉ PAR DES ZÉROS.

31. Pour rendre 10 fois plus petit un nombre entier terminé par des zéros, on supprime un zéro à sa droite : on fait ainsi avancer d'un rang vers la droite chaque ordre, qui exprime alors des unités dix fois plus petites. Pour le rendre 100 fois plus petit, on supprime deux zéros ; pour le rendre 1000 fois plus petit, on en supprime trois.

Rendre 10 fois plus petits les nombres suivants :

131. 20, 30, 60, 180, 90, 750, 920, 31500. 1930.

132. 47300, 92600, 4180, 6240, 530 12150, 4100.

Rendre 100 fois plus petits les nombres suivants :

133. 42500, 7300, 8000, 91000, 8141700, 437000.

134. 67000, 92500, 188300, 129400, 6000, 85000.

Rendre 1000 fois plus petits les nombres suivants :

135. 8000, 73000, 1000, 41000, 2035000, 70300.

136. 14000, 75000, 17824000, 382000, 56073000.

Problèmes à résoudre d'après le n° 30.

137. Un crayon coûte 5 centimes ; combien coûteront 10 et 100 de ces crayons ?

138. Une plume d'acier coûte 1 centime ; combien coûteront 10 plumes ?

139. Un élève peut apprendre 4 vers d'une fable en une minute ; combien en apprendrait-il en 10 minutes ?

140. Ernest, qui est un bon élève, gagne chaque jour 4 bons points ; combien en gagne-t-il en 10 jours ?

141. Si l'on donne 1 kilogramme de cerises pour 12 centimes, combien coûtent 10 kilogrammes de ces fruits ?

Problèmes à résoudre d'après le n° 31.

142. 10 mètres de toile coûtent 20 francs; combien coûte 1 mètre ?

143. 10 stères de bois coûtent 80 francs; combien coûte 1 stère?

144. 100 mètres de drap coûtent 700 francs; combien coûte 1 mètre ?

145. En 10 jours, on a donné 400 kilogrammes de foin à un bœuf; combien de kilogrammes en a-t-il eu par jour ?

146. 10 paires de bas de laine ont été payées 40 francs; combien a coûté une paire de bas ?

QUESTIONNAIRE.

20. Comment représente-t-on les nombres en général? — 21. Comment représente-t-on les neuf premiers nombres? — 22. A quoi sert le zéro? — 23. Comment représente-t-on les dizaines? — 24. — Les nombres compris entre les dizaines? — 25. — Les centaines? — 26. — Les nombres compris entre les centaines? — 27. Comment écrit-on un nombre quelconque? — 28. Comment lit-on un nombre de moins de quatre chiffres? — 29. Que fait-on pour lire un nombre entier quelconque ? — 30. Comment fait-on pour rendre un nombre entier 10, 100, 1000, etc. fois plus grand? — 31. — Pour rendre un nombre entier, terminé par des zéros, 10, 100, 1000, etc. fois plus petit?

SIGNES ABRÉVIATIFS EMPLOYÉS EN ARITHMÉTIQUE.

Signe de l'addition +, qu'on lit *plus*. Ex. :
$$5+3, \text{ cinq plus trois.}$$

Signe de la soustraction —, qu'on lit *moins*. Ex. :
$$7-4, \text{ sept moins quatre.}$$

Signe de la multiplication ×, qu'on lit *multiplié par*. Ex. :
$$6 \times 3, \text{ six multiplié par trois.}$$

Signe de la division :, qu'on lit *divisé par*. Ex. : 35:7, trente-cinq divisé par sept, ce qui s'exprime aussi de cette manière : $\dfrac{35}{7}$.

Signe de l'égalité =, qui se lit *égale*. Ex. :
$$8=5+3, \text{ huit égale cinq plus trois.}$$

CHAPITRE III.

Opérations fondamentales.

---

32. Il y a en Arithmétique quatre *opérations* fondamentales, ou manières de combiner et de fractionner les nombres ; ce sont : l'addition, la soustraction, la multiplication et la division.

Addition des nombres entiers.

33. *L'addition* est une opération qui a pour but de réunir plusieurs nombres de la même espèce en un seul que l'on nomme *somme* ou *total*.

34. Il y a deux cas à considérer dans l'addition :
1° Addition de deux nombres plus petits que dix.
2° Addition de deux ou de plusieurs nombres plus grands que dix.

Premier cas. Règle.

35. Pour réunir entre eux deux nombres plus petits que dix, on ajoute au premier de ces deux nombres toutes les unités du second.

Soit à additionner les nombres 8 et 5. On dira, en se servant de ses doigts ou de jetons, 9, 10, 11, 12, 13 ; huit et cinq font treize.

36. Pour opérer plus rapidement, il est indispensable de savoir par cœur la table d'addition. Cette table (voir page 21) contient toutes les sommes de deux nombres d'un seul chiffre.

TABLE D'ADDITION.

2 et 1 font 3	3 et 1 font 4	4 et 1 font 5
2 — 2 — 4	3 — 2 — 5	4 — 2 — 6
2 — 3 — 5	3 — 3 — 6	4 — 3 — 7
2 — 4 — 6	3 — 4 — 7	4 — 4 — 8
2 — 5 — 7	3 — 5 — 8	4 — 5 — 9
2 — 6 — 8	3 — 6 — 9	4 — 6 — 10
2 — 7 — 9	3 — 7 — 10	4 — 7 — 11
2 — 8 — 10	3 — 8 — 11	4 — 8 — 12
2 — 9 — 11	3 — 9 — 12	4 — 9 — 13
2 — 10 — 12	3 — 10 — 13	4 — 10 — 14
5 et 1 font 6	6 et 1 font 7	7 et 1 font 8
5 — 2 — 7	6 — 2 — 8	7 — 2 — 9
5 — 3 — 8	6 — 3 — 9	7 — 3 — 10
5 — 4 — 9	6 — 4 — 10	7 — 4 — 11
5 — 5 — 10	6 — 5 — 11	7 — 5 — 12
5 — 6 — 11	6 — 6 — 12	7 — 6 — 13
5 — 7 — 12	6 — 7 — 13	7 — 7 — 14
5 — 8 — 13	6 — 8 — 14	7 — 8 — 15
5 — 9 — 14	6 — 9 — 15	7 — 9 — 16
5 — 10 — 15	6 — 10 — 16	7 — 10 — 17
8 et 1 font 9	9 et 1 font 10	10 et 1 font 11
8 — 2 — 10	9 — 2 — 11	10 — 2 — 12
8 — 3 — 11	9 — 3 — 12	10 — 3 — 13
8 — 4 — 12	9 — 4 — 13	10 — 4 — 14
8 — 5 — 13	9 — 5 — 14	10 — 5 — 15
8 — 6 — 14	9 — 6 — 15	10 — 6 — 16
8 — 7 — 15	9 — 7 — 16	10 — 7 — 17
8 — 8 — 16	9 — 8 — 17	10 — 8 — 18
8 — 9 — 17	9 — 9 — 18	10 — 9 — 19
8 — 10 — 18	9 — 10 — 19	10 — 10 — 20

Exercices oraux.

Effectuer les additions suivantes :

147. 5 + 1; 6 + 1; 7 + 1; 9 + 1; 8 + 1; 6 + 6.
148. 3 + 5; 4 + 9; 3 + 6; 8 + 2; 7 + 1; 4 + 3.
149. 8 + 1; 9 + 2; 1 + 8; 3 + 7; 7 + 2; 8 + 5.
150. 9 + 3; 7 + 7; 6 + 9; 5 + 2; 9 + 8; 9 + 9.
151. 5 + 6; 7 + 6; 4 + 5; 8 + 3; 9 + 7; 5 + 9.

Problèmes oraux.

152. Émile a reçu 2 francs de son parrain et 6 francs de son père; combien a-t-il reçu en tout?

153. Eugène prend 5 noix de la main droite et 4 de la gauche; combien en prend-il en tout?

154. On donne 6 pommes à Henri; s'il en avait déjà 2, combien en a-t-il maintenant?

155. On achète 5 stères de bois à un bûcheron et 8 à un autre; combien en achète-t-on en tout?

156. Dans un tas de bois, il y a 5 fagots au premier rang, 4 au deuxième et 3 au troisième; combien y a-t-il de fagots dans le tas?

Second cas. Règle.

37. Pour réunir entre eux deux ou plusieurs nombres plus grands que 10, on les écrit les uns au-dessous des autres, de manière que les unités de même ordre se correspondent, c'est-à-dire que les unités soient sous les unités, les dizaines sous les dizaines, etc. On tire un trait horizontal sous ces nombres; puis, commençant par la droite, on fait la somme des unités de chaque colonne; si cette somme ne dépasse pas 9, on l'écrit telle qu'on la trouve; si elle dépasse 9, on n'écrit que les unités, et l'on retient les dizaines pour les joindre à la colonne suivante. On écrit la somme de la dernière colonne telle qu'on la trouve.

Soit à additionner les nombres, 175, 8424, 4580.

Opération :

```
   175
  8424
  4580
 ─────
 13179
```

Je dis : 5 et 4 font 9, que j'écris ; 7 et 2 font 9 et 8 font 17 ; j'écris 7 et je reporte 1 centaine à la colonne suivante ; 1 et 1 font 2 et 4 font 6 et 5 font 11 ; j'écris 1 et je reporte 1 mille à la colonne suivante ; 1 et 8 font 9 et 4 font 13, que j'écris.

La somme est 13179.

Démonstration.

La raison de cette manière d'opérer est facile à saisir : la somme des nombres donnés devant se composer de la somme des unités, de celle des dizaines, etc., de ces nombres, on est conduit à faire séparément la somme de chacune de ces unités et à ajouter entre eux les résultats obtenus.

Effectuer les additions suivantes :

	mètres		francs		grammes
157.	43	**158.**	68	**159.**	92
	51		29		58
	62		56		36

	pommes		habits		noix
160.	26	**161.**	12	**162.**	76
	37		39		82
	42		75		17

	fusils		soldats		chevaux
163.	124	**164.**	1572	**165.**	920
	852		8203		1079
	95		615		86

	bœufs		kilogrammes		moutons
166.	5403	**167.**	925	**168.**	600
	69		8737		9671
	475		49		143
	728		506		1859

	bouteilles		assiettes		serrures
169.	215	**170.**	1604	**171.**	4378
	6739		267		227
	68		6475		6951
	503		35		9899

172. (379 + 25 + 518 + 9033) couteaux.
173. (1258 + 9324 + 4558 + 41) canifs.
174. (1673 + 8036 + 921 + 6731) écrous.
175. (8329 + 68 + 5190 + 54000) vis.
176. (483059) + 2726 + 418 + 689097) boulons.

CALCUL MENTAL.

38. Pour ajouter mentalement un nombre à un autre, on décompose le premier en unités, en dizaines, en centaines, etc., que l'on ajoute successivement au second. Soit à ajouter 329 à 564. On dira : 564 et 9 font 573, et 20 font 593, et 300 font 893.

Effectuer mentalement les additions suivantes :

177. (45 + 29); (68 + 37); (55 + 61); (37 + 8) fruits.
178. (37 + 38); (51 + 73); (92 + 48); (59 + 77) noix.
179. (184 + 213); (269 + 304); (726 + 49) poires.
180. (637 + 251); (925 + 412); (618 + 907) soldats.
181. (739 + 124); (218 + 888); (777 + 239) mètres.

PREUVE DE L'ADDITION.

39. Une *preuve* est une seconde opération faite pour s'assurer de l'exactitude de la première.

40. Pour faire la preuve de l'addition, on recommence l'opération de bas en haut. Si l'opération est bonne, on retrouve le même résultat.

QUESTIONNAIRE.

32. Quelles sont les opérations fondamentales de l'arithmétique? — 33. Qu'est-ce que l'addition? — 34. Combien y a-t-il de cas à considérer dans l'addition? — 35. Comment opère-t-on dans le premier cas? — 36. Que faut-il connaître pour opérer rapidement? — 37. Comment opère-t-on dans le second cas? — 38. Comment ajoute-t-on mentalement un nombre à un autre? — 39. Qu'appelle-t-on preuve? — 40. Comment fait-on la preuve de l'addition?

PROBLÈMES.

182. Un cultivateur a mis sur une petite voiture un sac de blé pesant 124 kilog., 1 sac de seigle pesant 115 kilog. et un sac d'avoine pesant 75 kilog. Quel est le chargement de sa voiture?

183. Un pré a produit 2 voitures de foin contenant, l'une 315 bottes, et l'autre 180; quelle quantité de foin ce pré a-t-il produite?

184. Trois ouvriers ont reçu d'un propriétaire, pour travaux exécutés dans ses prairies : le 1er, 720 fr.; le 2e, 814 fr.; le 3e, 415 fr. Combien ce propriétaire a-t-il déboursé en tout?

185. Une personne a fait planter, en 1869, 1419 plants d'orme ; en 1870, 1890 plants de chêne; en 1871, 747 plants de peuplier; en 1872, 2600 plants de saule. Quel est le nombre des arbres qu'elle a fait planter dans ces quatre années?

186. On achète, une première fois, 500 kilog. de riz; une deuxième fois, 1760 kilog.; une troisième fois, 826 kilog. Combien en achète-t-on en tout?

187. Un mécanicien présente à un architecte trois mémoires, le 1er s'élevant à 1475 fr.; le 2e, à 2328 fr.; le 3e, à 1500 fr. Quel est le total de ces mémoires?

188. Quelle est la valeur d'un héritage composé de 5 portions égales de 7308 fr. chacune, et d'une autre portion valant 18645 fr.?

189. Un fermier a récolté 6954 kilog. de navets

dans un champ, et 18720 kilog. dans un autre ; combien en a-t-il récolté en tout ?

190. En quelle année est décédée une personne née en 1823 et qui a vécu 45 ans ?

191. Un marchand de bois a rentré dans ses magasins 6 voitures contenant : la 1re, 426 mètres de planches ; la 2e, 618 mètres ; la 3e, 520 mètres ; la 4e, 416 mètres ; la 5e, 318 mètres ; la 6e, 312 mètres. Combien a-t-il rentré de mètres de planches en tout ?

192. Un fermier a vendu un bœuf pour 670 fr., une vache pour 520 fr., un lot de moutons pour 1835 fr., et un porc pour 180 fr. Combien a-t-il reçu ?

193. On a entouré de haies un terrain carré mesurant 32 mètres de côté ; quelle est la longueur totale des haies ?

194. Compte d'une laiterie.

JOURS.	LAIT TIRÉ.		TOTAL.	Consommé à la ferme.	Converti en beurre.	TOTAL ÉGAL au 1er.
	MATIN Litres.	SOIR. Litres.				
Lundi. . .	48	32		40	40	
Mardi. . .	46	33		53	26	
Mercredi. .	47	30		52	25	
Jeudi . . .	45	29		54	20	
Vendredi .	49	36		56	29	
Samedi . .	44	35		57	22	
Dimanche.	42	34		54	22	
TOTAL . .				TOTAL . .		

(Transcrire avec soin ce tableau, et terminer les opérations.)

195. Un fermier a assuré contre la grêle ses récoltes de blé pour 1 600 francs, celles de seigle pour 1 800 francs, celles d'orge pour 8 546 francs, et celles d'avoine pour 4 752 francs. A combien s'élève cette estimation ?

196. Un négociant a acheté pour 4 640 francs de drap, 2 730 francs de toile, 2 680 francs de nouveautés, et 3 956 francs de soieries. A quelle somme s'élèvent ses achats ?

197. **Modèle d'un livre des ensemencements et des récoltes.**

CONTRÉES.	Quantités ensemencées.	Nombre des gerbes récoltées.	Produit en doubles-décalitres.
Le Jardin .	60 ares.	709	78
Le Vallage.	137 —	1545	137
Les Preux.	215 —	2730	288
Les Bas . ..	43 —	549	55
TOTAUX . .			

(Transcrire ce tableau et faire les totaux.)

198. Quelle est la distance de Paris à Belfort, sachant qu'il y a 167 kilomètres de Paris à Troyes, 95 kilomètres de Troyes à Chaumont, 119 kilomètres de Chaumont à Vesoul, et 62 kilomètres de Vesoul à Belfort ?

199. La ville de Bruxelles renferme 306 000 habitants ; celle d'Anvers, 122 000 ; celle de Liége, 102 000 ; quelle est la population de ces trois villes réunies ?

200. De 1859 à 1864, les transports par la marine marchande ont diminué en Belgique de 12 703 tonneaux. Sachant qu'en 1864 cette même marine a transporté 27 347 tonneaux, on demande combien elle en a transporté en 1859 ?

CHAPITRE IV.

Soustraction des nombres entiers.

41. La *soustraction* est une opération par laquelle on cherche la *différence* entre deux nombres de même espèce.

42. Il y a deux cas à observer dans la soustraction :
1° Le plus grand nombre ne dépasse pas dix-huit.
2° Les nombres sont quelconques.

Premier cas.

43. Soit à retrancher 5 de 11. On dira, en se servant de ses doigts ou de jetons, 6, 7, 8, 9, 10, 11. Comme il faut ajouter 6 unités à 5 pour former le nombre 11, c'est que la différence entre ces deux nombres est 6.

Pour faire cette opération, on peut se servir de la table d'addition. Ex. : en cherchant dans la 4me case quel nombre il faut ajouter à 5 pour obtenir 11, on trouve 6.

Si l'on voulait retrancher 4 de 16, on retrancherait 4 de 6 et l'on ajouterait 10 au résultat.

Exercices oraux.

201. De 8 ôtez 1 ; de 7 ôtez 1 ; de 9 ôtez 1 ; de 6 ôtez 1 ; de 5 ôtez 1.

202. De 6 ôtez 2; de 5 ôtez 2; de 7 ôtez 2; de 8 ôtez 2; de 9 ôtez 2.

203. De 5 ôtez 3; de 8 ôtez 4; de 9 ôtez 5; de 8 ôtez 6; de 7 ôtez 3; de 5 ôtez 4.

204. De 9 ôtez 6; de 8 ôtez 4; de 6 ôtez 4; de 10 ôtez 2.

205. De 12 ôtez 2; de 14 ôtez 4; de 15 ôtez 6; de 17 ôtez 3; de 16 ôtez 9.

Problèmes oraux.

206. J'avais 8 francs, j'en ai dépensé 2; combien me reste-t-il ?

207. On a donné 15 pommes à Louise; elle en donne 8 à son frère; combien lui en reste-t-il ?

208. Bernard avait une petite troupe de 17 agneaux; combien lui en reste-t-il, si son père en a vendu 6 ?

209. D'un sac de café pesant 16 kilog., on en enlève 7 kilog.; combien de kilog. de café reste-t-il dans le sac ?

210. Un tailleur prend, dans une pièce de drap de 13 mètres, une longueur de 4 mètres pour faire un habit; combien en reste-t-il de mètres ?

Second cas.

44. Pour retrancher l'un de l'autre deux nombres quelconques, on écrit le plus petit nombre sous le plus grand, de manière que les unités de même ordre se correspondent; puis, commençant par la droite, on retranche chaque chiffre du plus petit nombre de celui qui est au-dessus dans le nombre supérieur. On écrit la diffé-rence au-dessous.

Si la soustraction ne peut pas se faire, on ajoute dix unités au chiffre du nombre supérieur, et, pour ne pas altérer la valeur du reste, on ajoute une unité au chiffre inférieur qui se trouve immédiatement avant.

La réunion des restes donne le résultat.

1er *Exemple*. Soit à retrancher 4036 de 6859. On disposera l'opération de cette manière :

$$6859$$
$$4036$$
$$\overline{2823}$$

et l'on dira : de 9 ôtez 6, reste 3 ; de 5 ôtez 3, reste 2 ; de 8 ôtez 0, reste 8 ; de 6 ôtez 4, reste 2. Le reste est donc 2823.

2me *Exemple*. Soit à retrancher 4928 de 8563.

Opération :

$$8563$$
$$4928$$
$$\overline{3635}$$

On dira : de 3 ôtez 8, c'est impossible ; j'ajoute 10 unités à 3, ce qui fait 13 ; de 13 ôtez 8, reste 5 ; j'ajoute 1 dizaine à 2, ce qui donne 3 ; de 6 ôtez 3, reste 3 ; de 5 ôtez 9, c'est impossible ; j'ajoute 10 centaines à 5, ce qui donne 15 ; de 15 ôtez 9, reste 6 ; j'ajoute un mille à 4, ce qui donne 5 ; de 8 ôtez 5, reste 3.

Le reste est 3635.

Démonstration.

On voit qu'en opérant ainsi, on a trouvé la différence des unités, celle des dizaines, celle des centaines, etc. ; la réunion de ces différences doit donc évidemment donner la différence totale.

Effectuer les soustractions suivantes.

211. 65—43; 72—25; 83—51; 68—30; 37—14.
212. 184—105; 208—29; 506—215; 718—624.
213. 745—219; 784—68; 963—154; 898—799.
214. 1849—615; 2623—1516; 2331—884; 2359—45.
215. 6080—3879; 7351—1859; 37458—8490.
216. 192653—2359; 6700722—8452; 73053—16690.

CALCUL MENTAL.

45. Lorsqu'on veut retrancher mentalement l'un de l'autre deux nombres plus grands que 10, on procède ainsi : Soit à retrancher 218 de 604. On dit : 604 moins 200 = 404; 404 — 10 = 394; 394 — 8 = 386.

217. *Effectuer mentalement les soustractions des numéros 211, 212 et 213.*

PREUVE DE LA SOUSTRACTION.

46. Pour faire la preuve de la soustraction, on ajoute le plus petit nombre au reste; si l'opération est bonne, on retrouve le plus grand nombre.

QUESTIONNAIRE.

41. Qu'est-ce que la soustraction?—**42.** Combien y a-t-il de cas à observer dans la soustraction ? Citez-les. — **43.** Comment opère-t-on dans le premier cas? — **44.** Comment opère-t-on dans le second cas? — **45.** Comment s'y prend-on pour retrancher mentalement l'un de l'autre deux nombres plus grands que 10? — **46.** Comment fait-on la preuve de la soustraction ?

Problèmes sur la soustraction des nombres entiers.

218. On a enlevé 43 mètres d'une pièce de toile qui en contenait 112; combien en reste-t-il ?

219. J'avais 319 francs dans mon porte-monnaie; j'ai dépensé 158 francs; que me reste-t-il?

220. J'ai payé 5 430 francs sur une dette de 12 450 francs; combien redois-je encore?

221. Un particulier a vendu un bœuf 680 francs; il a reçu 318 francs; quelle somme a-t-il encore à recevoir?

222. Un troupeau contenait 285 moutons; on en vend 176; combien en reste-t-il?

223. Un fermier achète à Luxembourg un cheval pour 668 francs; il le revend 1 150 francs à Châlons-sur-Marne; combien gagne-t-il, en ne tenant compte d'aucun frais?

224. 1 000 kilog. de chanvre, achetés 1 340 francs, ont été revendus 1 475 francs; quelle somme a-t-on gagnée?

225. Louis avait dans son grenier 685 doubles-décalitres d'avoine; il en vend 599; combien lui en reste-t-il?

226. On a gagné 720 francs sur un lot de marchandises revendu 6 432 francs; combien avait-on payé ces marchandises?

227. Avant la guerre de 1870-71, la superficie de la France était de 546 000 kilomètres carrés; celle de la Belgique est de 29 455 kilomètres carrés. De combien de kilomètres carrés la surface de la France surpassait-elle celle de la Belgique?

228. Combien d'années a vécu une personne née en 1837 et qui est morte en 1870?

229. D'après le recensement fait en 1872, la population de la France, pour le territoire actuel, est de 36 102 291 habitants; en 1866, cette population était de 36 469 856 habitants; quelle diminution a-t-elle subie depuis cette époque?

230. J'ai revendu 3000 francs un lot de plomb que j'avais payé 2 870 francs; combien ai-je gagné sur ce lot?

231. En revendant 12 680 francs une coupe de bois, j'ai gagné 1 276 francs; combien avais-je payé cette coupe ?

232. Le 7 janvier, au matin, ma caisse contenait 14 732 francs; j'ai payé, dans la journée, 3 209 fr., et je n'ai rien reçu; combien me restait-il le soir ?

Problèmes sur l'addition et la soustraction combinées.

233. Un fabricant avait 275 pièces de mousseline dans son magasin; il en expédie 17 pièces à un marchand de Rouen, et 84 à un marchand de Melun; combien lui en reste-t-il ?

234. Un champ de 63 ares a produit 220 doubles-décalitres de pommes de terre; on en vend 46 doubles-décalitres à un marchand, 68 à un autre, et l'on en jette 7 pour cause d'avarie; combien en reste-t-il ?

235. On veut mettre 1 280 litres de vin dans trois fûts, dont le premier peut contenir 520 litres, et le deuxième, 228; quelle capacité devra avoir le troisième fût ?

236. Un fermier a vendu 3 748 bottes de foin; il en livre 540 bottes une première fois, et 2 000 une deuxième fois. On demande ce qu'il lui en reste encore à livrer.

237. J'ai fait battre à la machine 240 doubles-décalitres d'avoine; je les mets dans un grenier qui en contenait déjà 156 doubles-décalitres, et j'en vends 188; combien m'en reste-t-il ?

238. Mon fournisseur de cuirs m'a adressé depuis le commencement de l'année trois factures, l'une de 537 francs, la deuxième de 268 francs, la troisième de 400 francs. Je lui ai déjà remis deux à-compte, l'un de 325 francs, et l'autre de 140 francs; combien lui dois-je encore ?

239.　　Livre de caisse d'un commerçant.

ENTRÉE OU RECETTES.		Fr.	SORTIE OU DÉPENSES.		Fr.
Dates.			Dates.		
2 janv.	Reçu de la vente de 300 mètres de drap......	2400	3 janv.	Acheté au comptant 500 k. café à 3 fr. le k.	1500
3 id.	Reçu de la vente de 12 pièces de toile.	1300	4 id.	Payé 1 terme de loyer....	650
5 id.	Encaissement de l'effet Louis......	2504	6 id.	Payé appointements du 1er commis.	250
			7 id.	Payé traite Henry......	1500
	TOTAL.......			TOTAL......	

(Transcrire avec ce soin ce tableau et faire la balance, c'est-à-dire déterminer l'excès des entrées sur les sorties.)

240. Deux ouvriers ont travaillé ensemble dans une ferme; le premier a reçu, au bout d'un mois, 17 francs de plus que le second, qui a reçu 86 francs; combien ont-ils reçu ensemble?

241. En Belgique, un terrassier peut gagner en moyenne 635 francs par an, et il dépense 582 francs; en France, le même ouvrier pourrait gagner 940 fr., mais ses dépenses s'élèveraient à 897 francs; lequel des deux pays offre le plus d'avantages au terrassier?

242. **Livre de magasin d'un cultivateur.**

ORGE.

Entrée.   Sortie.

DATES.	DÉTAIL.	Doubles-décalitres.	DATES.	DÉTAIL.	Doubles-décalitres.
1873 5 nov.	Battu à la ma-chine......	84	10 nov.	Vendu à Lasnier	160
			15 id.	— à Boiteux	85
6 id.	—	92	16 id.	Consommé par	
7 id.	—	85		la maison....	17
10 id.	—	60	16 id.	Vendu en compte	
11 id.	—	77		à Bernard,	
12 id.	—	83		homme de	
				journée......	6
	TOTAL........			TOTAL........	

(Transcrire ce tableau avec soin et faire la balance
au 16 novembre, c'est-à-dire chercher la différence
entre les entrées et les sorties.)

CHAPITRE V.

Multiplication des nombres entiers.

---

47. La *multiplication* est une opération par laquelle on répète un nombre appelé *multiplicande*
autant de fois qu'il y a d'unités dans un autre
nombre appelé *multiplicateur.*

Le résultat est appelé *produit*.

Ainsi, multiplier 5 par 3 revient à répéter 5 trois fois, ce qui donne : $5 + 5 + 5 = 15$; donc, 3 fois 5 font 15.

Ce qui fait voir que la multiplication est une addition abrégée.

48. Les deux nombres sur lesquels on opère s'appellent les *facteurs* du produit.

49. Trois cas se présentent dans la multiplication des nombres entiers :

1° Multiplier l'un par l'autre deux nombres plus petits que 10 ;

2° Multiplier un nombre de plusieurs chiffres par un nombre d'un seul chiffre ;

3° Multiplier deux nombres quelconques l'un par l'autre.

Premier cas. Règle.

50. Pour multiplier l'un par l'autre deux nombres d'un seul chiffre, on a recours à la table de multiplication, qui contient tous les produits de deux nombres d'un seul chiffre.

Ainsi, au moyen de cette table, on trouve que $6 \times 7 = 42$; que $5 \times 8 = 40$; que $7 \times 9 = 63$, etc. Mais pour opérer plus facilement, on doit savoir par cœur tous les produits de deux nombres d'un seul chiffre.

Nota. — *Les Élèves apprendront la table de multiplication qui se trouve à la page suivante.*

TABLE DE MULTIPLICATION.

2 fois	2 font	4	3 fois	2 font	6	4 fois	2 font	8
2 —	3 —	6	3 —	3 —	9	4 —	3 —	12
2 —	4 —	8	3 —	4 —	12	4 —	4 —	16
2 —	5 —	10	3 —	5 —	15	4 —	5 —	20
2 —	6 —	12	3 —	6 —	18	4 —	6 —	24
2 —	7 —	14	3 —	7 —	21	4 —	7 —	28
2 —	8 —	16	3 —	8 —	24	4 —	8 —	32
2 —	9 —	18	3 —	9 —	27	4 —	9 —	36
2 —	10 —	20	3 —	10 —	30	4 —	10 —	40

5 fois	2 font	10	6 fois	2 font	12	7 fois	2 font	14
5 —	3 —	15	6 —	3 —	18	7 —	3 —	21
5 —	4 —	20	6 —	4 —	24	7 —	4 —	28
5 —	5 —	25	6 —	5 —	30	7 —	5 —	35
5 —	6 —	30	6 —	6 —	36	7 —	6 —	42
5 —	7 —	35	6 —	7 —	42	7 —	7 —	49
5 —	8 —	40	6 —	8 —	48	7 —	8 —	56
5 —	9 —	45	6 —	9 —	54	7 —	9 —	63
5 —	10 —	50	6 —	10 —	60	7 —	10 —	70

8 fois	2 font	16	9 fois	2 font	18	10 fois	2 font	20
8 —	3 —	24	9 —	3 —	27	10 —	3 —	30
8 —	4 —	32	9 —	4 —	36	10 —	4 —	40
8 —	5 —	40	9 —	5 —	45	10 —	5 —	50
8 —	6 —	48	9 —	6 —	54	10 —	6 —	60
8 —	7 —	56	9 —	7 —	63	10 —	7 —	70
8 —	8 —	64	9 —	8 —	72	10 —	8 —	80
8 —	9 —	72	9 —	9 —	81	10 —	9 —	90
8 —	10 —	80	9 —	10 —	90	10 —	10 —	100

Exercices oraux.

Effectuer les multiplications suivantes :

243. 3×6; 5×2; 8×4; 6×5; 7×3; 8×2.
244. 9×2; 8×5; 7×4; 6×7; 7×7; 8×9.
245. 5×8; 5×4; 4×9; 2×9; 3×7; 5×2.
246. 9×4; 4×3; 5×6; 6×8; 9×7; 4×3.
247. 5×8; 8×7; 7×5; 6×9; 8×4; 8×8.

Problèmes oraux.

248. Un double-décalitre de haricots coûte 5 fr.; combien coûtent 8 doubles-décalitres?

249. Un voiturier demande 2 francs par heure de travail; combien demandera-t-il pour 6 heures?

250. Un mètre de drap vaut 8 francs; combien vaudront 9 mètres?

251. Une laitière fournit 5 litres de lait par jour dans un pensionnat; combien en fournit-elle par semaine?

252. Une botte de paille pèse 8 kilogrammes; combien pèsent 3 bottes semblables?

253. Un charretier conduit 4 tombereaux de terre dans une journée; combien en conduit-il en une semaine, sachant qu'il ne travaille pas le dimanche?

254. Il faut 4 kilogrammes de farine pour faire un pain de 5 kilogrammes; combien en faudra-t-il pour faire 8 pains du même poids?

Deuxième cas. Règle.

51. Pour multiplier un nombre de plusieurs chiffres par un nombre d'un seul, on répète chaque chiffre du multiplicande autant de fois que l'indique le chiffre du multiplicateur, et l'on ajoute entre eux les résultats.

Ex. : soit à multiplier 438 par 6.

Je dispose ainsi l'opération :   438

                                          6
                                    ———————
                                      2628

et je dis : 6 fois 8 font 48 ; j'écris 8 et je retiens 4 dizaines pour les joindre au produit suivant ; 6 fois 3 font 18 et 4 font 22 ; j'écris 2 et je retiens 2 ; 6 fois 4 font 24 et 2 font 26, que j'écris. Le produit est 2628.

Démonstration.

En opérant ainsi, j'ai répété 6 fois chacune des parties qui composent le nombre 438 et j'ai ajouté les résultats entre eux. Le nombre 438 est donc bien multiplié par 6.

Exercices écrits.

255. 351×5 ; 632×8 ; 721×3 ; 850×6.
256. 921×8 ; 736×5 ; 439×6 ; 877×3.
257. 447×5 ; 561×8 ; 205×4 ; 807×9.
258. 1724×6 ; 2325×7 ; 8405×2 ; 2178×6.
259. 43724×9 ; 50412×5 ; 720745×6 ; 53×7.
260. 50301×6 ; 21419×8 ; 73540×7 ; 132×4.

Problèmes.

261. Un sac de riz pèse 52 kilogrammes ; combien pèsent 7 sacs de ce riz ?

262. Si 1 sac de grain vaut 34 francs, combien valent 3 sacs ?

263. Une voiture contient 285 bottes de foin, combien en contiennent 8 voitures ?

264. 1 are de terrain a donné 315 kilogrammes de navets ; combien en aurait-on récolté sur 6 ares ?

265. Un pain de sucre pèse 14 kilogrammes ; combien pèsent 9 pains ?

266. Un quintal de chanvre brut vaut 127 francs; combien valent 7 quintanx de ce chanvre ?

267. Le mètre cube de fumier de cheval pèse 826 kilogrammes ; combien pèsent 6 mètres cubes de ce fumier ?

268. Quand l'orge vaut 3 fr. le double-décalitre, combien valent 7 sacs contenant chacun 8 doubles-décalitres ?

269. On a conduit 1840 kilogrammes de fumier sur 1 hectare de terrain ; combien en aurait-on conduit sur 8 hectares ?

270. Une machine à battre peut rendre 320 doubles-décalitres d'orge par journée de 10 heures ; combien bat-elle de doubles-décalitres en 5 jours ?

271. Une personne gagne 3 francs par jour ; que gagne-t-elle par an, si elle ne travaille pas le dimanche ?

CALCUL MENTAL.

52. Pour multiplier mentalement un nombre de plusieurs chiffres par un nombre d'un seul, on décompose le premier en unités, dizaines, centaines, etc. ; on répète chacune de ces parties autant de fois que l'indique le multiplicateur, et l'on ajoute les produits partiels entre eux.

Ex. : soit à multiplier 237 par 6 ; comme 237 = 200 + 30 + 7, on dira : 6 fois 200 font 1200 ; 6 fois 30 font 180, et 1200 font 1380 ; 6 fois 7 font 42, et 1380 font 1422.

Effectuer mentalement les multiplications des n°s 257 à 262 inclusivement.

Troisième cas. Règle.

53. Pour multiplier l'un par l'autre deux nombres quelconques, on écrit le multiplicateur sous le multiplicande, de manière que les unités de même ordre se correspondent ; puis on multiplie le multiplicande par chaque chiffre du multiplicateur, et l'on écrit les produits obtenus les uns au-dessous des autres, en ayant soin de placer le premier chiffre à droite de chaque produit au-dessous du chiffre du multiplicateur qui a servi à le former. On additionne ensuite les produits partiels, ce qui donne le véritable produit.

Exemple : Soit à multiplier 573 par 864. On dispose ainsi l'opération :

```
   573
   864
  ─────
  2292   Produit du multiplicande par 4 unités.
  3438        —                       par 6 dizaines.
 4584         —                       par 8 centaines.
 ──────
 495072
```

S'il se trouve un zéro au multiplicateur, on passe outre ; mais on met un zéro avant le produit suivant, pour que ce produit conserve le rang qu'il doit occuper.

Démonstration.

En opérant comme on vient de le faire, on a répété le multiplicande 4 fois. plus 60 fois, plus 800 fois, c'est-à-dire en tout 864 fois.

Effectuer les multiplications suivantes :

272. 6435 × 18 ; 6926 × 34 ; 5852 × 29 ; 435 × 18.
273. 7305 × 64 ; 1803 × 92 ; 4375 × 58 ; 74 × 39.
274. 3170 × 75 ; 2939 × 43 ; 5307 × 58 ; 55 × 17.
275. 1743 × 123 ; 5305 × 246 ; 7881 × 458.
276. 4360 × 536 ; 7893 × 205 ; 51375 × 450.

277. 14314 × 57; 30226 × 542; 27643 × 809.
278. 3064 × 150; 2735 × 169; 8736 × 537.
279. 80731 × 2730; 8734 × 4503; 61045 × 1802.

PREUVE DE LA MULTIPLICATION.

54. Pour faire la preuve de la multiplication, on recommence l'opération en rénversant l'ordre des deux facteurs. L'opération est bonne si l'on retrouve le même résultat.

280. Vérifier l'exactitude des résultats trouvés en effectuant les multiplications des nᵒˢ 272 à 279.

QUESTIONNAIRE.

47. Qu'est-ce que la multiplication? — **48.** Quel nom donne-t-on aux nombres sur lesquels on opère? — **49.** Énumérez les différents cas qui peuvent se présenter dans la multiplication des nombres entiers. — **50.** Dites la règle à suivre pour le premier cas? — **51.** La règle à suivre dans le deuxième cas? — **52.** Comment opère-t-on mentalement dans le deuxième cas? — **53.** Dites la règle à suivre pour le troisième cas. — **54.** Comment fait-on la preuve de la multiplication?

Problèmes sur la multiplication des nombres entiers.

281. L'hectolitre de blé valant 28 francs, que valent 730 hectolitres?

282. Un double-décalitre de haricots vaut 4 francs; combien valent 72 sacs contenant chacun 8 doubles-décalitres de ces haricots?

283. Dans 1 are de terrain on a récolté 33 litres de graine de colza; combien récoltera-t-on de litres de cette graine dans 72 ares?

284. Si 1 hectolitre de graine de navette vaut 26 francs, combien valent 173 hectolitres?

285. Un are de terrain cultivé en lin a produit 18 kilogrammes de tiges sèches, 4 kilogrammes de filasse épurée et 9 kilogrammes de graine. Combien de kilogrammes de tiges, de filasse et de graine a-t-on recueillis sur une surface de 57 ares?

286. Le cuivre du Chili, en barres, livrable au Havre, vaut 230 francs les 100 kilogrammes; combien paiera-t-on pour 17000 kilogrammes?

287. Le quintal d'étain Banca vaut 392 francs; combien valent 871 quintaux?

288. Le plomb de France livrable à Paris vaut 57 francs le quintal; combien valent 269 quintaux?

289. Un sac de farine de 157 kilogrammes net vaut 64 francs; combien valent 2376 sacs?

290. Quand l'huile de colza vaut 96 francs le quintal, que doit-on payer pour 864 quintaux?

291. Un litre d'alcool vaut 3 francs, droits compris; combien valent 17 barriques contenant chacune 528 litres d'alcool?

292. Le café Java, bon ordinaire, vaut 273 francs le quintal, droits compris; que valent 648 sacs de ce café?

293. La vanille du Mexique vaut 238 francs le kilogramme; combien valent 68 kilogrammes?

294. Une balle de coton, livrable au Havre, vaut 128 francs; que vaut le chargement d'un wagon qui contient 24 balles de coton?

295. Quelle est la valeur d'un troupeau de 634 moutons estimés à 35 francs l'un?

CHAPITRE VI

Division des nombres entiers.

---

55. La *division* est une opération par laquelle on cherche combien de fois un nombre appelé *diviseur* est contenu dans un autre nombre appelé *dividende*.

Le résultat se nomme *quotient*.

56. Il y a trois cas à considérer dans la division des nombres entiers :

1° Le diviseur et le quotient sont inférieurs à 10.

2° Le diviseur est quelconque et le quotient inférieur à 10.

3° Le diviseur est quelconque et le quotient plus grand que 10.

Premier cas.

57. Soit à partager 15 noix entre 5 enfants. Chaque enfant aura autant de fois 1 noix que 5 sera contenu dans 15. Après avoir donné à chacun d'eux une noix d'abord, il en restera $15 - 5 = 10$. Si on leur en donne encore à chacun une, il en restera $10 - 5 = 5$, et ainsi de suite, jusqu'à ce qu'il n'en reste plus ; le nombre de soustractions que l'on aura faites indiquera combien chaque enfant a de noix. On voit que c'est trois. Le quotient de 15 par 5 est donc 3.

Cette manière d'opérer, qui serait, on le comprendra, impraticable avec de grands nombres, fait voir que la division est une soustraction abrégée.

296. Le maître prendra 20 objets quelconques qu'il partagera entre 4 ou 5 de ses élèves.

297. Il partagera de la même manière 24, 30, 36, 42 entre 6 élèves.

298. Partager 12, 16, 24, 22 objets entre 4 élèves.

58. Pour trouver tout de suite le quotient de la division de deux nombres, quand le diviseur et le quotient sont plus petits que 10, il suffit de savoir par cœur tous les produits de deux nombres d'un seul chiffre.

Ainsi, quand on sait que $6 \times 7 = 42$, on voit tout de suite que le quotient de 42 par 7 est 6, et que le quotient de 42 par 6 est 7. De même le quotient de 45 par 7 est 6 à une unité près.

Exercices oraux.

Effectuer les divisions suivantes :

299. 28:2 ; 24:8 ; 32:8 ; 45:9 ; 36:6 ; 48:8 ; 37:3.
300. 48:6 ; 54:9 ; 54:6 ; 40:5 ; 25:5 ; 18:6 ; 16:4.
301. 63:9 ; 28:4 ; 63:7 ; 45:5 ; 28:7 ; 35:7 ; 9:3.
302. 21:7 ; 40:8 ; 48:8 ; 21:3 ; 32:4 ; 20:5 ; 12:3.
303. 81:9 ; 56:8 ; 72:9 ; 56:7 ; 48:6 ; 30:6 ; 36:9.

Effectuer, à moins d'une unité, les divisions suivantes :

304. $\dfrac{41}{9}$; $\dfrac{61}{7}$; $\dfrac{55}{9}$; $\dfrac{47}{6}$; $\dfrac{31}{8}$; $\dfrac{49}{9}$; $\dfrac{35}{6}$.

305. $\dfrac{37}{6}$; $\dfrac{44}{6}$; $\dfrac{51}{8}$; $\dfrac{52}{6}$; $\dfrac{24}{7}$; $\dfrac{61}{9}$; $\dfrac{47}{8}$.

306. $\dfrac{28}{3}$; $\dfrac{28}{9}$; $\dfrac{16}{5}$; $\dfrac{22}{6}$; $\dfrac{14}{3}$; $\dfrac{27}{5}$; $\dfrac{84}{9}$.

307. $\dfrac{49}{8}$; $\dfrac{54}{8}$; $\dfrac{65}{7}$; $\dfrac{76}{8}$; $\dfrac{74}{8}$; $\dfrac{34}{5}$; $\dfrac{16}{7}$.

308. $\dfrac{82}{9}$; $\dfrac{75}{9}$; $\dfrac{92}{9}$; $\dfrac{68}{7}$; $\dfrac{75}{9}$; $\dfrac{85}{8}$; $\dfrac{55}{5}$.

309. $\dfrac{52}{9}$; $\dfrac{64}{9}$; $\dfrac{46}{9}$; $\dfrac{37}{5}$; $\dfrac{29}{6}$; $\dfrac{73}{8}$; $\dfrac{64}{7}$.

Problèmes oraux.

310. Partager 32 francs entre 4 personnes.

3.

311. Un double-décalitre de noix vaut 3 francs; combien en aura-t-on pour 24 francs?

312. Un ouvrier gagne 4 francs par jour; combien mettra-t-il de jours pour gagner 28 francs?

313. Pour conduire sur une brouette 54 gerbes de blé, un moissonneur doit faire 6 voyages; combien de gerbes doit-il mettre chaque fois sur sa brouette?

314. Un enfant veut partager 63 nèfles entre 7 de ses camarades; combien chacun en aura-t-il?

315. 8 arcs de bois ont produit 320 fagots; combien en a produit 1 arc?

316. Pour 27 francs, on a eu 9 kilogrammes de café en grains; à combien revient le kilogramme de ce café?

317. 3 vaches consomment 8 bottes de fourrage par jour; combien de temps mettront-elles à consommer 72 bottes?

318. Un mètre de drap vaut 7 fr.; combien en aura-t-on de mètres pour 63 fr.?

Deuxième cas.

59. Soit à diviser 152 par 38. 10 fois 38 font 380, nombre plus grand que 152; le quotient est donc plus petit que 10; mais, comme je ne vois pas tout de suite quel est le quotient de 152 par 38, je vais faire abstraction des unités au dividende et au diviseur, et je dirai : 15 contient 3, 5 fois; mais, à cause de la retenue sur le produit des unités, je mets 4 seulement, et je vérifie ce chiffre en multipliant 38 par 4; or $38 \times 4 = 152$; 4 est donc le quotient.

Opération :

$$\begin{array}{r|l} 152 & 38 \\ \underline{152} & \overline{4} \\ 0 & \end{array}$$

Si l'on avait à diviser 158 par 38, le quotient serait encore 4 à moins d'une unité, et il y aurait un reste, 6.

Règle.

60. Quand on s'est assuré que l'on a affaire au deuxième cas, on divise le premier chiffre à gauche du dividende par le premier chiffre à gauche du diviseur, puis on vérifie le quotient en le multipliant par le diviseur et en soustrayant ce produit du dividende. Si le reste est plus grand que le diviseur, c'est que le chiffre du quotient est trop faible; si la soustraction ne peut pas se faire, c'est que le chiffre du quotient est trop fort.

Quand le premier chiffre à gauche du dividende est plus petit que le premier chiffre du diviseur, on en prend deux au dividende.

Exercices écrits.

Effectuer les divisions suivantes :

319. 64:32; 56:28; 44:22; 58:29; 75:25; 36:12.
320. 45:15; 36:18; 48:12; 66:22; 42:14; 45:15.
321. 210:42; 243:27; 180:36; 287:41; 39:13; 56:14.
322. 432:54; 234:39; 432:72; 375:75; 60:15.
323. 486:81; 441:49; 364:52; 644:92; 420:70.
324. 1224:153; 864:216; 4605:921; 2800:350.
325. 4291:613; 4080:816; 2178:726; 963:107.
326. 37020:6170; 1908:212; 5624:703; 49734:24867.

Effectuer, à moins d'une unité, les divisions suivantes :

327. $\dfrac{915}{181}$; $\dfrac{418}{53}$; $\dfrac{275}{64}$; $\dfrac{670}{74}$; $\dfrac{718}{83}$; $\dfrac{915}{93}$; $\dfrac{412}{56}$; $\dfrac{202}{41}$.

328. $\dfrac{168}{30}$; $\dfrac{213}{43}$; $\dfrac{927}{99}$; $\dfrac{1618}{429}$; $\dfrac{237}{39}$; $\dfrac{555}{60}$; $\dfrac{666}{79}$; $\dfrac{723}{82}$.

$$329. \quad \frac{429}{47}\,; \quad \frac{1853}{412}\,; \quad \frac{763}{78}\,; \quad \frac{2307}{346}\,; \quad \frac{915}{96}\,; \quad \frac{1470}{201}\,; \quad \frac{611}{81}\,.$$

$$330. \quad \frac{617}{92}\,; \quad \frac{6120}{847}\,; \quad \frac{72730}{9998}\,; \quad \frac{56530}{6429}\,; \quad \frac{9167}{1101}\,; \quad \frac{47306}{9352}\,.$$

$$331. \quad \frac{8305}{942}\,; \quad \frac{619}{62}\,; \quad \frac{751}{86}\,; \quad \frac{1538}{372}\,; \quad \frac{6703}{739}\,; \quad \frac{875402}{88543}\,.$$

$$332. \quad \frac{458}{149}\,; \quad \frac{1429}{205}\,; \quad \frac{1526}{304}\,; \quad \frac{2783}{918}\,; \quad \frac{3767}{967}\,; \quad \frac{8443}{955}\,; \quad \frac{7624}{852}\,.$$

Problèmes.

333. 16 fauteuils ont coûté 640 fr.; combien a coûté chaque fauteuil?

334. On a vendu 15 vases en porcelaine pour 135 fr.; combien a été vendu chaque vase?

335. Combien faut-il de tonneaux de 220 litres pour loger 1540 litres de vin?

336. On a vendu pour 296 fr. un certain nombre de moutons, à raison de 37 fr. l'un; combien a-t-on vendu de moutons?

337. J'ai vendu mon blé 42 fr. le sac, et j'ai reçu 294 fr.; combien avais-je de sacs de blé?

338. Sur la vente de 185 mètres de drap, un marchand a gagné 555 fr.; combien a-t-il gagné par mètre?

339. Un fondeur a livré 174 grilles de fourneaux pour 522 fr.; combien a-t-il vendu chaque grille?

340. Un fabricant a vendu 483 parapluies en soie pour 3864 fr.; combien a-t-il vendu chaque parapluie?

341. Pour la confection de 642 tuniques militaires, un tailleur a reçu 5778 fr.; combien a-t-il reçu par tunique?

342. Un fermier a acheté 74 doubles-décalitres de lentilles pour 592 fr.; combien a-t-il payé chaque double-décalitre?

343. Si l'on peut mettre 360 gerbes de blé sur une voiture à deux chevaux, combien faudra-t-il faire de voyages pour rentrer 2520 gerbes ?

344. Un ouvrier a gagné 1200 fr. dans une année; combien a-t-il gagné par jour, sachant qu'il y a 300 jours ouvrables dans une année ?

345. On a vendu 700 bottes de luzerne pour 280 fr.; à combien revient le cent de bottes ?

346. Une troupe de 280 oies a été vendue 1400 fr.; combien a été vendue une oie ?

Troisième cas. Règle.

61. Pour diviser, en général, deux nombres quelconques l'un par l'autre, on prend sur la gauche du dividende assez de chiffres pour contenir le diviseur au moins une fois et pas plus de neuf fois. On écrit le chiffre trouvé au quotient, on fait le produit de ce chiffre par le diviseur et l'on retranche ce produit du dividende partiel. A la droite du reste, on abaisse le chiffre suivant, et l'on continue l'opération de la même manière, jusqu'à ce que tous les chiffres du dividende soient épuisés.

Exemple : Soit à diviser 110352 par 418.

Disposition du calcul :

$$
\begin{array}{r|l}
110352 & 418 \\
\cline{2-2}
2675 & 264 \\
1672 & \\
000 & \\
\end{array}
$$

Je dis : en 1103, combien de fois 418, ou en 11, combien de fois 4 ? Je trouve 2 fois; je vérifie le chiffre 2 en le multipliant par 418 et en retranchant de 1103 le produit obtenu : je trouve 267 pour reste, à la droite duquel j'écris le chiffre 5.

En 2675, combien de fois 418 ? je trouve 6 fois; je vérifie le chiffre 6 comme le chiffre précédent; à la droite du reste 167, j'abaisse le chiffre 2, et, continuant comme précédemment, je trouve 4 au quotient et 0 pour reste. 264 est le quotient demandé.

Remarque I.

62. Il peut arriver que, dans le cours de l'opération, le dividende partiel formé du reste et du chiffre suivant du dividende ne soit pas assez grand pour contenir le diviseur. On met alors 0 au quotient, on abaisse un nouveau chiffre et l'on continue l'opération.

$$\begin{array}{r|l} Exemple : \qquad 226688 & 736 \\ 5888 & \overline{308} \\ 000 & \end{array}$$

Le nombre 588 ne contenant pas le diviseur 736, je mets 0 au quotient, j'abaisse le chiffre suivant 8, et je continue l'opération.

Remarque II.

63. Si la division donne un reste, on a le quotient approché à moins d'une unité.

Exercices écrits.

Effectuer les divisions suivantes :

347. 21056:28 ; 24472:57 ; 45927:63 ; 3700:21.
348. 44280:72 ; 31518:34 ; 29601:39 ; 47315:68.
349. 66780:212 ; 608043:723 ; 188490:618 ; 1440:17.
350. 604463:644 ; 311234:473 ; 465738:853, 2719:15.

351. $\dfrac{82726}{48}$; $\dfrac{72306}{45}$.		**355.** $\dfrac{17286}{113}$; $\dfrac{86053}{209}$.
352. $\dfrac{67351}{86}$; $\dfrac{215461}{924}$.		**356.** $\dfrac{64730}{654}$; $\dfrac{918752}{508}$.
353. $\dfrac{56733}{198}$; $\dfrac{41321}{603}$.		**357.** $\dfrac{2862}{334}$; $\dfrac{97286}{5532}$.
354. $\dfrac{69312}{875}$; $\dfrac{29362}{8752}$.		**358.** $\dfrac{40053}{806}$; $\dfrac{70305}{5732}$.

PREUVE DE LA DIVISION.

64. Pour faire la preuve de la division :

1° Si la division ne donne pas de reste, on multiplie le diviseur par le quotient. Le produit obtenu doit être égal au dividende.

2° Lorsque la division donne un reste, on ajoute le reste au produit du diviseur par le quotient. La somme doit être égale au dividende.

QUESTIONNAIRE.

55. Qu'est-ce que la division? —56. Combien y a-t-il de cas à considérer dans la division? Citez-les. — 57. Comment opère-t-on dans le premier cas? — Cette manière d'opérer est-elle possible avec de grands nombres? — 58. Faites connaître l'emploi de la table de multiplication pour trouver un quotient? — 59. Comment opère-t-on dans le deuxième cas? — 60. Dites la règle du deuxième cas. — 61. Comment opère-t-on dans le troisième cas? — 62. Que fait-on quand le reste, suivi du chiffre que l'on vient d'abaisser, est plus petit que le diviseur? — 63. Quand la division donne un reste, le quotient est-il exact? — 64. Comment fait-on la preuve de la division?

Problèmes sur la division des nombres entiers.

359. Quelle est la longueur d'une pièce de toile payée 312 fr., à raison de 3 fr. le mètre?

360. Un hectolitre de chaux vaut 3 fr.; combien en aura-t-on d'hectolitres pour 189 fr.?

361. Un bijoutier a acheté pour 4986 fr. de bagues en or, qu'il a payées 18 fr. l'une; combien en a-t-il acheté?

362. Un quincaillier achète pour 1236 fr. de limes à raison de 4 fr. la douzaine; combien a-t-il de douzaines de limes?

363. Le marnage d'un hectare de terre a coûté 265 fr.; combien pourra-t-on marner d'hectares de terre avec une somme de 3913 fr.?

364. Une muraille de clôture a coûté 1460 fr., à raison de 12 fr. le mètre courant; quelle est la longueur de cette muraille?

365. On a employé dans une construction pour 6496 fr. de briques à 32 fr. le millier; combien a-t-on employé de briques?

366. Dans une année, j'ai acheté pour 600 fr. de bois à brûler, à raison de 12 fr. le stère; combien ai-je acheté de stères de bois?

367. Dans un hectare de vignes on a récolté pour 4870 fr. de vin vendu 32 fr. l'hectolitre; combien a-t-on récolté d'hectolitres de vin?

368. Dans une journée de 10 heures, une machine à battre produit 280 doubles-décalitres de blé nettoyé; combien mettra-t-elle de jours pour battre 2640 doubles-décalitres de blé semblable?

369. Combien faut-il de gabions pour contenir 4000 kilogrammes de houille, si l'on en met 50 kilogrammes dans un gabion?

370. On veut partager une somme de 15000 fr. entre 7 personnes; quelle sera la part de chacune?

371. 34 litres d'eau par heure suffisent pour alimenter une machine à vapeur; pendant combien de temps cette machine pourra-t-elle fonctionner, si l'on dispose de 1300 litres d'eau?

372. Pour ensemencer un champ, il a fallu 1450 litres de blé; quelle est l'étendue de ce champ, si l'on y a mis 3 litres de semence par are?

373. Un hectolitre d'huile de navette vaut 118 fr.; combien en aura-t-on d'hectolitres pour 6700 fr. ?

374. Un fermier a battu 2735 gerbes de blé, qui ont produit 280 doubles-décalitres de grain; combien a-t-il fallu de gerbes pour produire un double-décalitre de ce grain?

375. Une vache mange en moyenne 22 kilogr. de fourrage sec par jour; combien de jours pourra-t-on la nourrir avec 23650 kilogr. de ce fourrage ?

376. Dans une pépinière, on a planté 6375 arbres sur 42 rangs; combien y a-t-il d'arbres dans chaque rang?

377. La ville de Bruxelles a 181 163 habitants; celle de Paris, 1 825 000; quel est le rapport entre la population de ces deux villes ?

378. Le charbon de Charleroy vaut 37 fr. la tonne rendu à une usine de Namur, dans laquelle on consomme, par an, pour 17415 fr. de ce combustible; combien en consomme-t-on de tonnes ?

Problèmes de récapitulation sur les quatre opérations des nombres entiers.

379. J'ai acheté 1475 kilogr. de café en grains, à raison de 3 fr. le kilogr.; je les ai revendus 5130 fr.; combien ai-je gagné?

380. Un marchand achète, à raison de 2 fr. le kilogr., 7 barriques d'huile d'olive pesant net chacune 175 kilogr.; il revend le tout 2880 fr.; combien gagne-t-il ?

381. 2 doubles-décalitres de navette donnent 10 litres d'huile; quelle est la quantité d'huile que produisent 23 doubles-décalitres de navette?

382. Un cultivateur a vendu dans une année 175 feuillettes de cidre à raison de 12 fr. la feuillette; il a employé l'argent provenant de cette vente à l'achat d'un cheval, d'une voiture et d'un bœuf; le cheval lui a coûté 1000 fr., et la voiture, 600 fr.; quel est le prix du bœuf?

383. On a ensemencé en froment et en orge un champ de 126 ares; la partie affectée à l'orge est double de la partie affectée au froment; quelle est l'étendue de chaque partie?

384. Quand le vin valait 22 fr. l'hectolitre à Nîmes, j'en ai acheté 700 hectolitres, dont j'ai vendu une moitié 26 fr. et l'autre moitié 25 fr. net l'hectolitre; qu'ai-je gagné?

385. Un pain de 5 kilogr. valant 2 fr., combien aura-t-on de kilogrammes de pain pour 100 fr.?

386. La laine à matelas valait l'année dernière 5 fr. le kilogramme; combien m'a coûté un matelas renfermant 33 kilogrammes de laine, sachant qu'en outre la taie m'est revenue à 10 fr., et la main-d'œuvre à 4 fr.?

387. Un fabricant devait fournir 540 kilogrammes d'huile de chènevis à 3 fr. le kilogramme; mais, ayant été obligé d'arrêter sa fabrication, il n'a pu en fournir que 239 kilogrammes; que lui reste-t-il encore à fournir, et pour quelle somme?

388. Un fermier a acheté un cheval 840 fr., l'a nourri pendant 15 jours, au repos complet, et l'a revendu 1000 fr. Qu'a-t-il gagné, si le cheval a consommé pour 2 fr. de nourriture par jour?

389. Dans un champ de 60 ares, on a récolté 7000 kilogrammes de betteraves et 1200 kilogrammes de pommes de terre; les betteraves ont été vendues 17 fr. les 1000 kilogrammes, et les pommes de terre, 9 fr. les 100 kilogrammes; quel a été le produit de ce champ? quel a été le produit d'un are?

390. Un maquignon a vendu 12 chevaux pour 8064 fr., et 16 mulets pour 3488 fr.; combien a-t-il vendu le cheval et le mulet? S'il a gagné 45 fr. sur chaque cheval et qu'il ait perdu 8 fr. sur chaque mulet, combien lui avaient coûté : 1° les 12 chevaux, 2° les 16 mulets?

391. Un baril de harengs acheté en gros coûte 12 fr.; combien aurait-on de barils de harengs pour 672 fr.? Combien, pour la même somme, aurait-on de boîtes de sardines à 3 fr. la boîte?

392. La gomme élastique vaut aujourd'hui 15 fr. le kilogramme façonnée; un négociant en fait venir de Batavia 1800 kilogrammes qu'il paye 20000 fr., rendus à destination; combien gagnera-t-il sur son achat, ses frais de vente étant évalués à 1470 fr.?

393. Un ouvrier cordonnier a fait dans une semaine 2 paires de bottes et 4 paires de souliers; la façon des bottes lui a été payée 7 fr. par paire, celle des souliers 3 fr.; combien a-t-il gagné, s'il a dépensé pour 2 fr. de menues fournitures?

CHAPITRE VII.

Théorèmes relatifs à la multiplication et à la division.

---

65. Un produit ne varie pas quand on intervertit l'ordre de ses facteurs. Ainsi, $5 \times 4 = 4 \times 5$. De même $3 \times 5 \times 4 = 4 \times 3 \times 5 = 3 \times 4 \times 5$.

Vérifier si les produits suivants sont égaux.

394. $9 \times 3 = 3 \times 9$; $8 \times 5 = 5 \times 8$; $9 \times 4 = 4 \times 9$.

395. $6 \times 7 = 7 \times 6$; $6 \times 3 = 3 \times 6$; $7 \times 8 = 8 \times 7$.

396. $3 \times 6 \times 9 = 9 \times 6 \times 3 = 3 \times 9 \times 6 = 6 \times 3 \times 9$.

397. $7 \times 5 \times 8 = 8 \times 5 \times 7 = 7 \times 8 \times 5 = 5 \times 7 \times 8$.

398. $4 \times 3 \times 9 = 9 \times 3 \times 4 = 4 \times 9 \times 3 = 3 \times 9 \times 4$.

399. $5 \times 6 \times 3 \times 4 = 3 \times 4 \times 6 \times 5 = 5 \times 3 \times 4 \times 6$.

66. Pour multiplier l'un par l'autre deux ou plusieurs nombres terminés par des zéros, on fait abstraction de ces zéros, mais on les ajoute au produit. Ainsi, pour multiplier 4300 par 7200, on multiplie 43 par 72, ce qui donne 3096, nombre auquel on ajoute 4 zéros. Le produit est 30960000.

Effectuer, d'après la règle du n° 66, les multiplications suivantes :

400. 3200×600; 280×720; 91800×53000; 70×80.
401. 2130×5180; 915×64000; 14300×1900.
402. 730×8410; 41800×6900; 6300×5500.
403. 6453000×900; 18450×49130; 85430×15000.

67. Un produit devient 2, 3, 4, 5, etc., fois plus grand, si l'on multiplie l'un de ses facteurs par 2, 3, 4, 5, etc.

Rendre successivement 2, 3, 4, 5 fois plus grand chacun des produits suivants, en multipliant l'un de ses facteurs par 2, 3, 4, 5.

404. 7×8; 3×9; 5×8; 9×7; 6×4; 8×7; 3×12.
405. 15×2; 24×7; 38×9; 45×5; 61×8; 16×18.
406. 34×26; 51×62; 34×29; 64×75; $25 \times 3 \times 6$.
407. 167×80; 245×32; 701×8; 924×6; 319×504.
408. 215×681; 748×950; 215×429; 618×82.
409. 402×37; 5315×9; 8436×813; 419×7352.

68. Un produit devient 2, 3, 4, 5, etc. fois plus petit, si l'on divise l'un de ses facteurs par 2, 3, 4, 5, etc...

Rendre 2 fois plus petit chacun des produits suivants, en divisant l'un de ses facteurs par 2.

410. 96×48; 513×12; 918×43; 761×28; 412×64.
411. 72×53; 419×32; 714×59; 418×39; 604×42.
412. 1815×64; 912×57; 1315×8; 9307×60.

69. On rend le quotient d'une division 2, 3, 4, 5, etc. fois plus grand, quand on multiplie le dividende par 2, 3, 4, 5, etc.

Le contraire a lieu, si l'on divise le dividende par 2, 3, 4, 5, etc.

70. On ne change pas le quotient d'une division, si l'on multiplie et si l'on divise en même temps le dividende et le diviseur par un même nombre.

71. On appelle *carré* d'un nombre, le produit de ce nombre par lui-même. Ainsi, $6 \times 6 = 36$ est le carré de 6 et s'écrit de cette manière : 6^2.

72. Le *cube* d'un nombre est le produit de trois facteurs égaux à ce nombre. Ainsi, $6 \times 6 \times 6 = 216$ est le cube de 6 et s'écrit · 6^3.

CARACTÈRES DE DIVISIBILITÉ DES NOMBRES.

73. On dit qu'un nombre est *pair* quand il est divisible par 2, et *impair* quand il n'est pas divisible par 2.

Les nombres 2, 4, 6, 8 sont pairs.

Les nombres 1, 3, 5, 7, 9 sont impairs.

74. Un nombre est divisible par 2 quand son dernier chiffre à droite est divisible par 2, c'est-à-dire quand il est pair.

Par conséquent, on peut dire qu'un nombre est divisible par 2 quand il est terminé par les chiffres 2, 4, 6, 8 et aussi 0.

Vérifier si les nombres suivants sont divisibles par 2 :

413. 12; 24; 36; 48; 50; 66; 120; 132; 954.
414. 134; 246: 518; 900; 814; 916; 814; 628.
415. 313; 415; 619; 818; 714; 916; 306; 290.
416. 1481; 919; 4376; 4819; 51150; 6810; 517.

75. Un nombre est divisible par 3, quand la somme de ses chiffres, considérés comme exprimant des unités simples, est divisible par 3. Ainsi 3519 est divisible par 3, parce que la somme $3+5+1+9=18$ est divisible par 3,

Vérifier si les nombres suivants sont divisibles par 3 :

417. 615 ; 414 ; 309 ; 527 ; 918 ; 41061 ; 58110.
418. 10452 ; 32103 ; 8109 ; 67101 ; 531 ; 717 ; 312.
419. 6192 ; 213141 ; 6510 ; 72132 ; 619 ; 1422.
420. 41603 ; 9146 ; 6732 ; 14050 ; 51422 ; 673035.

76. Un nombre est divisible par 9, quand la somme de ses chiffres, considérés comme exprimant des unités simples, est divisible par 9. Ainsi le nombre 81063 est divisible par 9, parce que la somme $8+1+0+6+3=18$ est divisible par 9.

Vérifier si les nombres suivants sont divisibles par 9 :

421. 999 ; 9999 ; 6354 ; 7254 ; 8109 ; 45360.
422. 4626 ; 45036 ; 5121 ; 473211 ; 181835 ; 72918.
423. 217042 ; 8730 ; 560142 ; 483129 ; 321057.
424. 81540 ; 32670 ; 3842123 ; 6007329 ; 407520.

77. Un nombre est divisible par 5, quand son dernier chiffre à droite est lui-même divisible par 5, c'est-à-dire quand il est terminé par 0 ou par 5.

Ex : Les nombres 725 et 1620 sont divisibles par 5.

PREUVE PAR 9 DE LA MULTIPLICATION.

78. Pour faire la preuve par 9 de la multiplication, on cherche les restes de la division par 9 de chacun des facteurs, on multiplie ces restes entre eux, puis on divise leur produit par 9 : le reste que l'on trouve doit être égal au reste de la division par 9 du produit que l'on doit vérifier.

Exemple :

$$\begin{array}{r} 365 \\ 438 \\ \hline 2920 \\ 1095 \\ 1460 \\ \hline 159870 \end{array}$$

365 divisé par 9 donne pour reste 5, que j'écris entre les bras d'une croix, à droite.

438 divisé par 9 donne pour reste 6, que j'écris à gauche du reste précédent. $5 \times 6 = 30$; en divisant 30 par 9, il reste 3, que j'écris entre les bras de la croix, en haut. 159870 divisé par 9 donne un reste 3 égal au dernier. L'opération est bonne.

PREUVE PAR 9 DE LA DIVISION.

79. Il y a deux cas à considérer :

Premier cas.

Si la division n'a pas donné de reste, on considère le dividende comme le produit du diviseur par le quotient et l'on applique à ces nombres la preuve par 9 de la multiplication.

Second cas.

Si la division a donné un reste, on retranche d'abord du dividende le reste de la division, on considère le dividende ainsi modifié comme le produit du diviseur par le quotient et l'on opère comme dans le 1er cas.

QUESTIONNAIRE.

65. Change-t-on la valeur d'un produit quand on intervertit l'ordre de ses facteurs ?— **66.** Comment abrége-t-on la multiplication, quand les facteurs sont terminés par des zéros ?— **67.** Que devient un produit, lorsqu'on rend l'un de ses facteurs 2, 3, 4, 5, etc. fois plus grand? — **68.** Que devient un produit quand on rend l'un de ses facteurs 2, 3, 4, 5, etc. fois plus petit ? — **69.** Que devient le quotient quand on multiplie ou quand on divise le dividende ? — **70.** Que devient le quotient quand on multiplie ou quand on divise en même temps le dividende et le diviseur ? — **71.** Qu'appelle-t-on carré d'un nombre ? — **72.** Qu'appelle-t-on cube d'un nombre ? — **73.** Quand dit-on qu'un nombre est pair ? — **74.** Quand est-ce qu'un nombre est divisible par 2 ? — **75.** Par 3 ? — **76.** Par 9 ? — **77.** Par 5 ? — **78.** Comment se fait la preuve par 9 de la multiplication ? — **79.** Indiquez le moyen de faire la preuve par 9 de la division.

CHAPITRE VIII.

Nombres décimaux.

80. Un nombre *décimal* est celui qui contient des parties de l'unité qui sont de dix en dix fois plus petites ; tel est le nombre *sept unités deux cent trente-sept millièmes.*

81. On donne le nom particulier de *fraction décimale* au nombre décimal qui ne contient pas d'entiers. Ex. : *trent-six centièmes.*

NUMÉRATION DES NOMBRES DÉCIMAUX.

82. Pour former les nombres décimaux, on suppose l'unité divisée en 10 parties égales ou *dixièmes* ; le dixième divisé en 10 parties égales ou *centièmes* ; le centième divisé en 10 parties égales ou *millièmes,* etc.

83. NOMS DES DIFFÉRENTS ORDRES DÉCIMAUX JUS-
QU'AU NEUVIÈME.

Unités,
1° dixièmes,
2° centièmes,
3° millièmes,
4° dix-millièmes,

5° cent-millièmes,
6° millionièmes,
7° dix-millionièmes,
8° cent-millionièmes,
9° billionièmes.

Exercices oraux.

425. Nommer 8 nombres décimaux.

426. Nommer 8 fractions décimales.

427. Combien faut-il de dixièmes pour valoir une unité?

428. Combien faut-il de centièmes pour valoir une unité?

429. Combien faut-il de millièmes pour valoir une unité?

L'unité étant divisée en 10 parties égales, quel nombre forme-t-on si l'on prend :

430. 4 de ces parties? 6 de ces parties?

431. 8 de ces parties? 7 de ces parties?

432. 3 de ces parties? 2 de ces parties?

L'unité étant divisée en 100 parties égales, quel nombre forme-t-on en prenant :

433. 4 de ces parties? 48 de ces parties?

434. 12 de ces parties? 59 de ces parties?

435. 16 de ces parties? 63 de ces parties?

436. 3 de ces parties? 25 de ces parties?

437. 329 de ces parties? 982 de ces parties?

438. Combien faut-il de centièmes pour valoir un dixième?

439. Combien faut-il de millièmes pour valoir un centième? — Pour valoir un dixième?

4

ÉCRITURE DES NOMBRES DÉCIMAUX.

84. La partie décimale d'un nombre décimal s'écrit à droite des unités, dont on la sépare par une virgule.

Les *dixièmes* occupent le *premier* rang, à droite de la virgule.

Les *centièmes*, le *deuxième* rang, à droite de la virgule.

Les *millièmes*, le *troisième* rang, à droite de la virgule.

Les *dix-millièmes*, le *quatrième* rang, à droite de la virgule.

Les *cent-millièmes*, le *cinquième* rang, à droite de la virgule.

Les *millionièmes*, le *sixième* rang, à droite de la virgule, etc.

Ce qui revient à dire : La partie décimale s'écrit comme la partie entière ; seulement il faut faire en sorte que le dernier chiffre à droite soit au rang du dernier ordre décimal désigné. Ex. : le nombre cinq unités trois mille quatre cent soixante-deux dix-millièmes, s'écrira : 5, 3462. Le chiffre 2 se trouve au rang des dix-millièmes.

Comme dans les nombres entiers, si un ordre manque, on le remplace par un zéro.

Dans la fraction décimale, les unités sont toujours remplacées par un zéro. Ex. : Le nombre seize centièmes s'écrira 0,16.

Écrire en chiffres les nombres suivants :

440. Six unités quatre dixièmes ; sept unités six dixièmes ; neuf unités deux dixièmes.

441. Six dixièmes; quatre dixièmes; huit dixièmes; trois dixièmes.

442. Quatre unités douze centièmes; cinq unités vingt-trois centièmes; quatorze unités dix-huit centièmes.

443. Vingt unités quatre centièmes; quarante-deux unités huit centièmes; douze unités cinq centièmes; dix-sept unités trente-six centièmes.

444. Soixante-cinq centièmes; quarante-six centièmes; neuf centièmes; quatre-vingts centièmes; cinquante-neuf centièmes.

445. Huit unités sept cent trente-quatre millièmes; trois unités huit cent cinquante-quatre millièmes; neuf unités six cent trente-trois millièmes.

446. Vingt unités quarante-trois millièmes; seize unités quinze millièmes; soixante-trois unités vingt-quatre millièmes.

447. Dix-huit unités trois millièmes; sept unités cinq millièmes; neuf unités deux millièmes; vingt-sept unités onze millièmes.

448. Huit millièmes; quatorze millièmes; trente-quatre millièmes; six cent soixante et un millièmes; dix-neuf millièmes.

449. Quatre unités trois mille sept cent quinze dix-millièmes; neuf cents unités trois mille sept cent trente-six dix-millièmes.

450. Cent vingt-deux dix-millièmes; quatre cent quinze dix-millièmes; neuf cent trente-huit dix-millièmes.

451. Soixante-quatre dix-millièmes; trois cent vingt-six dix-millièmes; quarante-neuf dix-millièmes.

452. Seize dix-millièmes; quatre-vingt douze dix-millièmes; soixante-cinq dix-millièmes.

453. Six dix-millièmes; trois dix-millièmes; sept dix-millièmes; neuf dix-millièmes.

454. Neuf unités cinquante-trois mille six cent

trente-sept cent-millièmes ; douze mille sept cent quarante et un cent-millièmes.

455. Vingt-trois mille six cent quatre-vingt-trois cent-millièmes ; sept mille huit cent six cent-millièmes.

456. Neuf cent trente-trois cent-millièmes ; soixante-treize cent-millièmes ; quarante et un cent-millièmes.

457. Treize cent-millièmes : six cent-millièmes ; quatre cent-millièmes ; neuf mille trois cent vingt-cinq cent-millièmes.

458. Dix-sept mille trois cent quarante-six millièmes ; deux cent soixante-treize mille sept cent trente-huit millièmes.

459. Dix-huit unités vingt-neuf millionièmes ; trois cent cinquante-huit millionièmes ; quarante et un mille quatre cent quatre-vingt-dix millionièmes.

LECTURE DES NOMBRES DÉCIMAUX.

85. Pour lire un nombre décimal, il faut déterminer d'abord le nom de la dernière décimale ; après quoi on lit la partie entière, s'il y en a une, et ensuite la partie décimale comme un nombre entier, en lui donnant le nom de la dernière décimale. Ex. :

Le nombre 27,45376 se lira : vingt-sept unités quarante-cinq mille trois cent soixante-seize cent-millièmes.

Exercices à faire au tableau noir.

Lire les nombres suivants :

460. 9,4 ; 8,1 ; 17,6 ; 43,2 ; 49,5 ; 17,48 ; 69,47.
461. 0,3 ; 0,4 ; 0,8 ; 0,5 ; 0,7 ; 0,49 ; 0,9 ; 0,6.
462. 7,31 ; 14,51 ; 8,92 ; 5,38 ; 12,25 ; 18,2 ; 38,27.
463. 0,49 ; 0,58 ; 0,64 ; 0,73 ; 0,27 ; 0,46 ; 0,75.
464. 34,615 ; 37,981 ; 40,578 ; 32,574 ; 6,217 ; 60,2.

465. 0,213; 0,865 ; 0,759; 0,836; 0,918; 0,146.
466. 1,055; 8,039; 64,086 ; 0,075; 0,081 ; 0,612.
467. 6,007; 3,006; 657,008; 0,003 ; 0,004 : 0,027.
468. 4532,674; 97375,026; 362,007; 9,455; 12,0095.
469. 7,3643; 18,0559 ; 0,8736; 0,73621 ; 0,430670.
470. 0,0075; 0,0022; 0,0063 ; 0,0015 ; 0,93600.
471. 6,0375; 0,0008 ; 358,9903; 0,0051; 0,43672.
472. 8435,07326; 27,60345; 8,29202; 9,873026.
473. 0,67322; 0,55321; 0,67321 ; 0,30705 ; 0,217.
474. 39,008732; 8,065543; 0,503604 ; 0,0307056.
475. 27361,057063; 0,000804; 0,630514; 0,9360.
476. 0,5432160; 0,374005; 45,39210673; 0,433221.

MOYEN DE RENDRE UN NOMBRE DÉCIMAL 10, 100, 1000 ETC., FOIS PLUS GRAND.

86. Pour rendre un nombre décimal 10, 100, 1000, etc. fois plus grand, on transporte la virgule d'un, de deux, de trois, etc., rangs vers la droite. S'il n'y a pas assez de chiffres décimaux, on ajoute un ou plusieurs zéros à la droite du nombre. Ex. :

1° Le nombre 37,8632 rendu 10, 100, 1000 fois plus grand devient successivement : 378,632 ; 3786,32 ; 37863.2.

2° Le nombre 4,68 rendu 10, 100, 1000 fois plus grand devient successivement : 46,8 ; 468 ; 4680.

Rendre les nombres suivants successivement 10, 100, 1000 fois plus grands :

477. 6,753; 14,292; 8,051 ; 48,2934; 55,72681.
478. 2,3605; 8,4920 ; 62,11451; 8,33506; 18,29.
479. 185,84; 215,618; 73,539; 618,2150 ; 64,72.
480. 3751,293; 8,6734; 37,602; 219,5304; 7,82.
481. 27,367; 98,3061; 9,0073; 160,052 ; 701,33.
482. 6,703; 5,0627; 0,825; 0,42; 3,67; 0,5427.

4.

MOYEN DE RENDRE UN NOMBRE DÉCIMAL 10, 100, 1000 ETC. FOIS PLUS PETIT.

87. Pour rendre un nombre décimal 10, 100, 1000, etc. fois plus petit, on transporte la virgule d'un, de deux, de trois, etc. rangs vers la gauche. S'il n'y a pas assez de chiffres dans la partie entière, on ajoute un ou plusieurs zéros sur la gauche du nombre. Ex. :

1° Le nombre 3276,03 rendu 10, 100, 1000 fois plus petit, devient successivement 327,603 ; 32,7603 ; 3,27603.

2° Le nombre 15,068 rendu 10, 100, 1000 fois petit devient successivement 1,5068 ; 0,15068 ; 0,015068.

Rendre les nombres suivants successivement, 10, 100, 1000 fois plus petits :

483. 3254,06 ; 8153,51 ; 21,8405 ; 1290,72 ; 876,29.
484. 6305,21 ; 1735,36 ; 4150,92 ; 13162,2 ; 15,4372.
485. 534,415 ; 69,218 ; 6,745 ; 43,21067 ; 600,821.
486. 273,9 ; 18,169 ; 92,53 ; 918,25 ; 604,30 ; 934,06.
487. 56,3 ; 27,6 ; 9,34 ; 5,68 ; 14,72 ; 21,36 ; 81,4338.
488. 0,27 ; 50,13 ; 0,12 ; 0,51 ; 0,06 ; 0,93 ; 67,005.

MOYEN DE RENDRE UN NOMBRE ENTIER 10, 100, 1000 FOIS PLUS PETIT.

88. Pour rendre un nombre entier 10, 100, 1000, etc. fois plus petit, on sépare sur sa droite par une virgule un, deux, trois, etc. chiffres décimaux. S'il n'y a pas assez de chiffres, on ajoute un ou plusieurs zéros sur la gauche de ce nombre. Ex. :

1° Le nombre 4362 rendu successivement 10,

100, 1000 fois plus petit devient 436,2; 43,62; 4,362.

2° Le nombre 64 rendu successivement 10,100, 1000 fois petit devient 6,4 ; 0,64 ; 0,064.

Rendre les nombres suivants successivement 10, 100, 1000 fois plus petits :

489. 1516 ; 6918 ; 7326 ; 5034 ; 23145 ; 13746.
490. 6732 ; 1815 ; 63245 ; 20305 ; 603029 ; 5212.
491. 924 ; 648 ; 725 ; 953 ; 612 ; 849 ; 67534 ; 71.
492. 350 ; 5437 ; 8225 ; 5734 ; 2025 ; 26731 ; 327.
493. 63 ; 405 ; 90 ; 869 ; 706 ; 49 ; 63214 ; 52393.
494. 57 ; 63 ; 28 ; 16 ; 68 ; 29 ; 36 ; 417 ; 37 ; 48.

89. Un nombre décimal ne change pas de valeur, quand on ajoute ou que l'on supprime un ou plusieurs zéros à sa droite ; car chaque chiffre significatif conservant son rang, il ne change pas de valeur.

Ainsi les nombres 57,4000 ; 57,400 ; 57,40 ; 57,4 sont égaux entre eux.

80. Qu'est-ce qu'un nombre décimal? — 81. Qu'appelle-t-on fraction décimale? — 82. Comment forme-t-on les nombres décimaux? — 83. Nommez les différents ordres décimaux jusqu'au neuvième. — 84. Comment s'écrit la partie décimale d'un nombre décimal? Quel rang occupent les dixièmes, les centièmes, les millièmes, les dix-millièmes, les cent-millièmes, les millionièmes ? Dites la règle générale à suivre pour lire les nombres décimaux. — 85. Comment fait-on pour lire un nombre décimal?—86. Comment fait-on pour rendre un nombre décimal 10, 100, 1000, etc. fois plus grand?— 87. Comment rend-on un nombre décimal 10, 100, 1000, etc. fois plus petit? — 88. Comment fait-on pour rendre un nombre entier 10, 100, 1000, etc. fois plus petit? — 89. Change-t-on la valeur d'un nombre décimal en ajoutant ou en supprimant des zéros à sa droite?

CHAPITRE IX.

Addition des nombres décimaux.

90. Pour faire l'addition des nombres décimaux, on écrit ces nombres les uns au-desous des autres, de manière que les unités entières et les unités décimales de même ordre se correspondent. On opère ensuite comme dans l'addition des nombres entiers, et l'on sépare sur la droite du total autant de chiffres décimaux qu'il y en a dans le nombre qui en contient le plus.

Exemple :

$$\begin{array}{r} 37,051 \\ 284,62 \\ 7843,7615 \\ \hline 8165,4325 \end{array}$$

Je sépare sur la droite du total 4 chiffres décimaux.

Exercices écrits.

Effectuer les additions suivantes :

495.   21,3   **496.**   8,415   **497.** 184,07
     6,92   72,0214   26,8430
    715,236   5,9301   6534,025

498.   61,2   **499.**   9,412   **500.** 215,837
    306,52   60,027   8,7321
   7280,635   145,7521   64,0048

501.   42,30   **502.**   2,816   **503.** 34,75
    56,272   58,0921   627,851
   9337,5293   4,267   19,000

504.	160,20	**505.**	2003,36	**506.**	81,730
	9,427		62,240		0,52
	7319,40		7,1149		613,0231

507. 82,63 + 216,8 + 7,936 + 49,218 + 0,375.
508. 953,27 + 819,25 + 92,305 + 0,7301 + 0,25.
509. 62,345 + 75,372 + 0,9211 + 0,45893 + 1,3.
510. 4,3605 + 0,93021 + 4359 + 873026 + 0,7.

Problèmes sur l'addition des nombres décimaux.

511. Un fabricant de Tournai a fait à l'un de ses correspondants trois envois de tapis riches ; le 1er s'élevait à 1451 fr. 75 ; le 2e, à 1376 fr. 29 ; le 3e, à 816 fr. 12. A combien s'élevaient ces trois envois ?

512. J'ai acheté 1 stère de bois de chêne pour 12 fr. 75 ; 1 stère de hêtre pour 15 fr. 50 ; 1 stère d'orme pour 16 fr. 80 ; combien ai-je dépensé ?

513. 4 pièces de toile de Courtrai ont : la 1re, 102 mètres 60 de longueur ; la 2, 101 mètres 30 ; la 3e, 99 mètres 40 ; la 4e, 98 mètres 95 ; quelle est la longueur de ces quatre pièces réunies ?

514. Un mareyeur a fait venir d'Ostende des huîtres pour 172 fr. 40 ; des harengs pour 210 fr. 65 ; des maquereaux salés pour 817 fr. 80 ; quel est le montant de son achat ?

515. Un négociant a acheté 3 ballots de dentelles de Malines ; le 1er lui a coûté 1780 fr. 95 ; le 2e, 937 fr. 65 ; le 3e, 1000 fr. 12 ; combien lui a coûté le tout ?

516. On achète un champ 754 fr. 35 ; on paie pour 97 fr. 80 de frais ; à combien revient ce champ ?

517. Un fermier vend trois veaux gras, pesant : le 1er, 130 kilogrammes 750 grammes ; le 2e, 125 kilogrammes 800 grammes ; le 3e, 113 kilogrammes 650 grammes ; quel est le poids de ces trois animaux réunis ?

518. On a vendu quatre tas de bois contenant : le 1er, 4 stères ; le 2e, 8 stères 9 ; le 3e, 6 stères 15 ; le

4e, 2 stères 237 ; quelle quantité de bois a-t-on vendue en tout ?

519. Dans un petit ménage, on a dépensé en une semaine pour 2 fr. 75 de viande ; 5 fr. 80 de pain ; 0 fr. 60 de lard ; 0 fr. 30 d'huile à manger ; 0 fr. 80 de lait ; 1 fr. 75 de beurre ; 0 fr. 15 de sel et de poivre ; quelle dépense a-t-on faite ?

520. Un fabricant achète quatre sortes de laine : la 1re lui coûte 1640 fr. 25 ; la 2e, 843 fr. 75 ; la 3e, 956 fr. 37 ; la 4e, autant que la 2e et la 3e réunies ; quel est le total de son achat ?

521. J'ai acheté deux barriques de vin, l'une de 520 litres 75, l'autre contenant 16 litres 40 de plus que la première ; quelle quantité de vin ai-je achetée ?

522. FACTURE D'UN MARCHAND QUINCAILLIER.

Doit M. Brunard à Jorry, marchand quincaillier à Saint-Étienne.

DATES.	DÉTAIL.	FR.	C.
1873			
janvier 8	1 serrure double, à ressorts, marque P.Y...............	4	80
id. 17	Ferrement de porte cochère.....	17	65
id. 29	16 boulons avec écrous, à 0 fr. 57	9	12
février 15	1 porte-bouteille............	32	50
id. 26	1 plaque de foyer............	8	30
mars 4	1 paire de moufles...........	30	80
	TOTAL...........		

(Transcrire cette facture et la terminer.)

QUESTIONNAIRE.

90. Comment fait-on l'addition des nombres décimaux ?

CHAPITRE X.

Soustraction des nombres décimaux.

91. La soustraction des nombres décimaux se fait comme celle des nombres entiers ; seulement, s'il ne se trouve pas autant de chiffres décimaux dans le plus grand nombre que dans le plus petit, on y ajoute des zéros, et l'on sépare sur la droite du reste autant de chiffres décimaux qu'il y en a dans celui des deux nombres qui en contenait le plus.

Exemple : Soit à retrancher 58,0643 de 642,75.

Opération :

$$\begin{array}{r} 642,7500 \\ 58,0643 \\ \hline 584,6857 \end{array}$$

Le dernier nombre ne contenant que deux décimales, j'ai ajouté deux zéros à sa droite et j'ai séparé sur la droite du reste quatre chiffres décimaux.

Exercices écrits.

Effectuer les soustractions suivantes :

523. 64,19	210,415	67,4538	784,5
8,47	73,910	9,2149	29,78
524. 187,0965	418,99	93,519	562,56
13,432	65,073	15,538	29,01

525.	1845,9	6,75352	10,14105
	192,0376	0,46761	0,69478
526.	219,76	615,1140	27,09
	93,7683	34,00765	4,759
527.	2003,667	217,459	866,05
	1604,0978	41,1306	1,1482
528.	0,312	0,718	0,4301
	0,0915	0,0419	0,73961

Problèmes sur la soustraction des nombres décimaux.

529. Léon gagne 21 fr. 80 par semaine; son frère Ernest ne gagne que 17 fr. 50; combien Léon gagne-t-il de plus qu'Ernest par semaine?

530. Un négociant avait dans son magasin 737 hectolitres 75 de blé; il en expédie par le chemin de fer 214 hectolitres 50; combien lui en reste-t-il encore?

531. Une ménagère avait une pièce de 52 mètres 60 de toile grande largeur; elle en a détaché 21 mètres 75 pour faire des chemises; quelle quantité lui en reste-t-il encore?

532. Je devais 1800 fr. 25; j'ai déjà payé 975 fr. 40; combien dois-je encore?

533. D'un tonneau contenant 520 litres de cidre, j'en ai enlevé 148 litres 80; quelle quantité de cidre reste-t-il encore?

534. Un cultivateur a vendu 421 quintaux 20 de pommes de terre; que lui en reste-t-il, sachant qu'il en avait récolté 918 quintaux?

535. On a divisé en deux parties une pièce de terre de 142 ares 84; la première partie a 87 ares 79; quelle est l'étendue de la seconde?

536.   COMPTABILITÉ DE MÉNAGE.

LIVRE DES RECETTES ET DES DÉPENSES.

DATES.	DÉTAIL.	ENTRÉE		SORTIE	
		Fr.	C.	Fr.	C.
Mars 1873					
1	Allocation mensuelle.....	35	»	»	»
2	1/2 fromage de brie et beurre	»	»	2	50
3	Lard et petit-salé.........	»	»	1	75
id.	Légumes, pommes de terre, haricots	»	»	»	90
5	1 kilogramme de riz.....	»	»	1	10
9	1 litre d'huile...........	»	»	1	35
14	Viande de boucherie.....	»	»	3	50
15	Paiement de la quinzaine au boulanger...........	»	»	19	50
15	Une douzaine d'œufs.....	»	»	»	95
18	Vente de trois lapins.....	12	30	»	»
	TOTAL..........				

(Transcrire ce tableau et terminer le compte, c'est-
à-dire faire le total des recettes, celui des dépenses
et indiquer l'excès des unes sur les autres.)

537. J'ai demandé à mon épicier 2 kilogrammes 500
de sucre; il m'en envoie 3 kilogrammes; quelle
quantité y en a-t-il de trop?

538. Mon marchand de bois devait me livrer
5 stères 75 de bois; il ne m'en a livré que 4 stères 96;
que me redoit-il encore?

539. Un marchand à qui l'on avait commandé 5
tonnes 873 de charbon de terre, en a livré 3 tonnes
0,725; quelle quantité en doit-il encore?

540. Un négociant reçoit la commande de 775 mètres de toile pour un régiment; il lui en manque 169 mètres 80; quelle quantité peut-il en fournir?

541. Dans une semaine, Émilie gagne à la couture 13 fr. 70, et sa sœur 2 fr. 25 de moins; que gagne cette dernière?

QUESTIONNAIRE.

91. Comment s'y prend-on pour faire la soustraction des nombres décimaux?

CHAPITRE XI.

Multiplication des nombres décimaux.

92. — La multiplication des nombres décimaux se fait comme celle des nombres entiers; seulement, on sépare sur la droite du produit autant de chiffres décimaux qu'il y en a dans les deux facteurs réunis.

Exemple :

$$\begin{array}{r} 17,493 \\ 5,048 \\ \hline 139944 \\ 69972 \\ 87465\,0 \\ \hline 88,304664 \end{array}$$

Je sépare, par une virgule, six chiffres sur la droite du produit.

Exercices écrits.

Effectuer les multiplications suivantes :

542. 926,43	38,705	75,419	67,425
64,52	4,63	0,718	3,15
543. 16,032	216,029	392,718	2091,02
4,881	44,51	2,193	67,50

544. 84,32 × 26,52 ; 85,66 × 39,826 ; 12,04 × 3,07.
545. 218,049 × 0,74 ; 43750,26 × 92 ; 56,076 × 0,2.
546. 621,431 × 752 ; 8732,086 × 0,46 ; 783,4 × 9,03.
547. 9352,27 × 0,435 ; 2007,8 × 5,0634 ; 601,4 × 25.

Problèmes sur la multiplication des nombres décimaux.

548. Un kilogramme d'huile d'olive coûte 2 fr. 35 ; combien coûteront 16 kilogrammes ?

549. Le savon blanc de Marseille vaut un 1 fr. 05 le kilogramme ; combien coûteront 34 kilogrammes ?

550. Une caisse de bougies stéariques pèse 16 kilogrammes 850 ; combien pèsent 23 caisses ?

551. On vend 845 kilogrammes de vermicelle à raison de 1 fr. 15 le kilogramme ; à combien s'élève la facture ?

552. Quel est le prix de 18 paquets de tapioca, à 3 fr. 20 le paquet ?

553. Quel est le prix de 48 litres de vin, à 0 fr. 65 le litre ?

554. Combien doit-on payer pour 4 paniers de vin de Champagne, contenant chacun 25 bouteilles, à 4 fr. 35 l'une ?

555. Dans un are de terrain, on a récolté 20 litres 70 de graine de navette ; quelle quantité en récoltera-t-on dans 32 ares 40 ?

556. Combien doit-on payer pour 32 kilogrammes de figues Cosenza, à 0 fr. 85 le kilogramme ?

557. Un double-décalitre de noix se vend 3 fr. 60 ; combien ai-je reçu de la vente de 25 doubles-décalitres ?

558. Un litre de sirop de gomme vaut 3 fr. 80 ; que doit-on payer pour 24 litres 5 ?

559. J'ai récolté 1450 kilogrammes de cerises que j'ai vendues 0 fr. 25 le kilogramme ; quelle somme ai-je reçue ?

560. FACTURE D'UN MARCHAND D'ÉTOFFES.

Rouen, 13 Mars 1873.

1873		Fr.	C.
13 mars.	3 mètres de soie à......	6	50
id.	13 mètres toile de coton à.	1	20
id.	35 mètres toile à draps de lit à..............	3	25
id.	3 mètres 25 de drap noir à.	12	50
id.	7 mètres 25 de velours à.	11	15
id.	6 mètres de drap imperméable à..........	8	40

(Transcrire cette facture et la terminer.)

561. Un cultivateur a semé 3 litres 40 d'orge par are de terrain; quelle quantité de semence a-t-il employée pour 42 ares 21 ?

QUESTIONNAIRE.

92. De quelle manière se fait la multiplication des nombres décimaux ?

CHAPITRE XII.

Division des nombres décimaux.

---

93. On considère trois cas dans la division des nombres décimaux :

1° Le dividende seul est décimal et sa partie entière est plus grande que le diviseur.

2° Le dividende seul est décimal et sa partie entière est plus petite que le diviseur.

3° Le diviseur est un nombre décimal.

Premier cas.

94. La division se fait comme celle des nombres entiers; seulement, en abaissant à la droite du reste le chiffre des dixièmes, on met une virgule au quotient, parce qu'alors les chiffres qu'on va obtenir seront des décimales.

Exemple :

$$
\begin{array}{r|l}
753,84 & 32 \\
\hline
113 & 23,55 \\
178 & \\
184 & \\
24 &
\end{array}
$$

Remarque.

95. Lorsque la division donne un reste, pour obtenir un quotient plus exact, on ajoute à ce reste, et successivement, autant de zéros que l'on veut avoir de décimales au quotient.

Exercices écrits.

Effectuer les divisions suivantes :

562. 317,24 : 58; 920,04 : 36; 417,51 : 69.
563. 819,35 : 48; 150,92 : 81; 131,618 : 29.
564. 41,925 : 13; 58,0732 : 24; 915,57302 : 63.
565. 375,90321 : 204; 53,90216 : 14; 135,72 : 134.
566. 1436,29 : 79; 6373,215 : 287; 3151,73921 : 905.

567. $\dfrac{951,68}{9}$; $\dfrac{412,591}{49}$; $\dfrac{936,8514}{61}$; $\dfrac{7352,0643}{146}$

568. $\dfrac{34,7052}{26}$; $\dfrac{5459,731}{369}$; $\dfrac{6531,9102}{787}$; $\dfrac{207,4739}{65}$.

Deuxième cas.

96. On met autant de chiffres décimaux au diviseur qu'il y en a au dividende, et l'on supprime la virgule ; l'opération est alors ramenée à une division dont le dividende est plus petit que le diviseur. On met zéro au quotient pour remplacer les unités, puis on écrit à la droite du dividende, et successivement, autant de zéros que l'on veut avoir de décimales au quotient.

Exemple : Soit à diviser 5,373 par 18.

Opération :

$$\begin{array}{r|l} 5373000 & 18000 \\ \hline 177300 & 0,298 \\ 153000 & \\ 09000 & \end{array}$$

J'ai ajouté trois zéros au dividende pour avoir des millièmes au quotient.

Exercices écrits.

Effectuer les divisions suivantes :

569. 4,305 : 22 ; 7,832 : 64 ; 31,0732 : 46 ; 4,026 : 63.
570. 2,3705 : 14 ; 16,9273 : 43 ; 817,93 : 950.
571. 47,6673 : 59 ; 58,0405 : 341 ; 291,7631 : 340.
572. 5,226 : 37 ; 7,2 : 33 ; 5,1931 : 26 ; 9,4105 : 84.

573. $\dfrac{43,6721}{150}$; $\dfrac{212,419}{364}$; $\dfrac{6,30752}{48}$; $\dfrac{72,50391}{154}$.

574. $\dfrac{193,05}{657}$; $\dfrac{59,20}{75}$; $\dfrac{8,7321}{92}$; $\dfrac{75,7201}{1008}$; $\dfrac{670,3922}{3078}$.

Troisième cas.

97. On met d'abord autant de chiffres décimaux dans un nombre que dans l'autre, et l'on supprime les virgules.

Si alors le dividende est plus grand que le diviseur, on opère comme sur des nombres entiers ;

et si la division donne un reste, on ajoute des zéros sur la droite des restes successifs pour avoir un quotient plus exact.

Quand le dividende est plus petit que le diviseur, on opère comme au deuxième cas.

1er Exemple : Soit à diviser 643,275 par 47,36. En ajoutant un zéro au diviseur et en supprimant les virgules, on a 643275 : 47360.

Opération :

```
643275 | 47360
169675 | 13,58
275950
391500
 12620
```

J'ai ajouté deux zéros au reste pour avoir deux chiffres décimaux au quotient.

2e Exemple : Soit à diviser 37,5 par 49,58 ; on a 3750 : 4958.

Opération :

```
37500 | 4958
27940 | 0,756
31500
 1752
```

Exercices écrits.

Effectuer les divisions suivantes :

575. 418,54 : 39,75 ; 722,48 : 39,4 ; 450.71 : 9,7.

576. 2151,493:69,25 ; 305,067:13,49 ; 17,926:4,840.

577. 6732,4501 : 39,86 ; 915,417 : 6,7542 ; 3,5:4,75.

578. 2,273:482,703 ; 125,48: 15,2 ; 69,1722:451,7342

579. 0,730:3,9 ; 0,4543 : 9,54 ; 37,26:0,5432.

580. $\dfrac{6,0073}{66,5}$; $\dfrac{2,30791}{118,2}$; $\dfrac{24,536}{0,57}$; $\dfrac{317,051}{0,475}$; $\dfrac{6435,2}{0,63}$.

MOYEN DE COMPLÉTER LE QUOTIENT D'UNE DIVISION APPROCHÉ A MOINS D'UNE UNITÉ DONNÉE.

98. Pour compléter le quotient d'une division approché à moins d'une unité donnée, on ajoute aux restes, et successivement, autant de zéros que l'on veut avoir de décimales au quotient.

Exercices écrits.

Effectuer les divisions suivantes en complétant les quotients à moins d'un centième :

581. 418 : 7 ; 219 : 43 ; 764:15 ; 1927 : 34 ; 45 : 7.
582. 3617:23 ; 25064 : 38 ; 2735 : 49 ; 57320 : 493.
583. 12065 : 149 ; 215 : 68 ; 9877 :515 ; 7221 : 19.
584. 2927 : 143 ; 5354 : 936 ; 12074 : 5032 ; 87 :22.

DIVISION DE DEUX NOMBRES ENTIERS TERMINÉS L'UN ET L'AUTRE PAR DES ZÉROS.

99. Quand on doit effectuer la division de deux nombres entiers terminés l'un et l'autre par des zéros, on abrége l'opération en supprimant sur la droite de chaque nombre la même quantité de zéros. Le quotient ne change pas, car on divise le dividende et le diviseur par le même nombre.

Ainsi, le quotient de 3600 par 900 est égal au quotient de 36 par 9.

Exercices écrits.

Effectuer les divisions suivantes :

585. 6250 : 480 ; 96700 : 7500 ; 367000 : 25000.
586. 13400 : 920 ; 45000 : 1400 ; 9603000 : 53000.
587. 73000:41000 ; 193500 :1600 ; 4307000 : 3900.
588. 23786000 : 35010000 ; 53002100 : 6103000.

QUESTIONNAIRE.

93. Combien y a-t-il de cas à considérer dans la division des nombres décimaux? Citez-les. — 94. Comment opère-t-on dans le premier cas? — 95. Quand la division donne un reste, que fait-on pour obtenir un quotient plus exact? — 96. Comment opère-t-on dans le deuxième cas? — 97. Comment opère-t-on dans le troisième cas? — 98. Comment complète-t-on le quotient d'une division approché à moins d'une unité donnée? — 99. Ne peut-on pas abréger la division de deux nombres entiers terminés l'un et l'autre par des zéros?

Problèmes sur la division des nombres décimaux.

589. Quinze kilogrammes de viande coûtent 25 fr. 60; combien coûte un kilogramme?

590. Un pépiniériste a vendu 73 plants de peupliers pour 65 fr. 30; combien a-t-il vendu chaque plant?

591. 6 doubles-décalitres de lentilles ont été vendus 54 fr. 60; à combien est revenu le double-décalitre?

592. J'ai acheté 243 plants de fraisiers des Alpes pour 3 fr. 75; combien ai-je payé chaque plant?

593. La douzaine d'œufs coûtant 0 fr. 75, combien coûte un œuf?

594. Combien gagne par jour un ouvrier qui reçoit 25 fr. 70 pour une semaine de travail (6 jours)?

595. Combien faut-il de bouteilles de 0 litres 65 pour contenir le vin renfermé dans un tonneau de 228 litres?

596. Un sabotier a vendu 60 paires de sabots pour 48 fr. 50; combien a-t-il vendu chaque paire?

597. Un charpentier a vendu 14 décistères de bois pour 72 fr. 25; combien a-t-il vendu chaque décistère?

598. Un bourrelier a acheté 86 paires d'attelles de colliers pour 180 fr. 40; combien lui coûte chaque paire?

599. On vend à un menuisier 45 mètres 60 de

voligè de Bourgogne pour 12 fr. 75; à combien lui revient la planche de 2 mètres?

600. On donne 21 fr. 60 à une couturière pour la confection de 12 chemises en toile de Lille; combien cette ouvrière reçoit-elle par chemise?

601. Le mètre cube de pierres à bâtir vaut 13 fr. 50; quelle quantité peut-on en avoir pour 614 fr.?

602. Pour 3 fr. 75 on a 0 mètre 42 de drap; combien coûte le mètre?

603. Une bouteille d'encre de 0 litre 13 coûte 0 fr. 45; combien coûte le litre?

Problèmes de récapitulation sur les nombres décimaux.

604. On a acheté 42 sacs de graine de navette à 34 fr. 50 l'un; on les a revendus avec 2 fr. 30 de bénéfice par sac. Quel était le montant de l'achat, celui de la vente, et combien a-t-on gagné en tout?

605. 102 mètres de flanelle de santé ont été payés 635 fr. 90; ils ont été revendus 660 fr. 45; quel bénéfice a-t-on fait sur chaque mètre?

606. Un négociant a acheté 24 tonneaux de vinaigre, en contenant chacun 136 litres, pour la somme totale de 750 fr. Après les avoir gardés quatre mois, il les a revendus 38 fr. pièce. Quelle somme a-t-il gagnée?

607. J'ai acheté, à raison de 1 fr. 05 le kilogramme, 18 barils de confitures pesant chacun net 65 kilogrammes; 3 barils ont été avariés. Combien dois-je vendre le kilogramme des confitures qui me restent pour ne rien perdre?

608. Le thé se vend en boîtes ayant un poids net déterminé. Un négociant en a acheté 120 boîtes de 125 grammes à 2 fr. 40 l'une; il s'en est trouvé 6 boîtes d'avariées. Combien doit-il vendre les autres pour gagner 50 fr. sur son achat?

609. 14 doubles-décalitres de seigle sont vendus aussi cher que 9 doubles-décalitres 5 de blé à 4 fr. 30 l'un; combien vaut un double-décalitre de blé?

610. Un cultivateur a récolté 415 doubles-décalitres d'avoine qu'il a vendus 13 fr. 75 le sac de 75 kilogrammes; combien a-t-il reçu, si le double-décalitre pesait 9 kilogrammes 3?

611. Le mouton de deuxième qualité rend à la boucherie 45 kilogrammes de viande pour 100 kilogrammes de poids en vie. Quel est le poids de bétail vivant qu'il faudrait abattre pour avoir 390 kilogrammes de viande?

612. 100 litres de lait donnent environ 11 kilogrammes de crème. Combien faut-il de litres de lait pour produire 75 kilogrammes de crème?

613. Avec 100 litres de lait, on peut obtenir 5 kilogrammes de beurre et 5 kilogrammes de fromage maigre. Quelle quantité de lait faut-il pour obtenir 134 kilogrammes de beurre et de fromage?

614. D'après le problème précédent, si le lait valait 0 fr. 15 le litre, le beurre 2 fr. 30 le kilogramme, et le fromage 0 fr. 40 le kilogramme, y aurait-il plus de bénéfice à vendre le lait qu'à le convertir en beurre ou en fromage?

615. Si une vache produit 17 litres de lait par jour, combien en produit-elle en 4 mois, et quel bénéfice procure-t-elle, si elle occasionne une dépense de 90 c., et que son lait soit vendu 0 fr. 15 le litre?

616. Un mouton rend 2 kilogrammes 70 de laine non lavée, valant 2 fr. 85 le kilogramme. Combien un fermier devra-t-il élever de moutons, s'il veut, avec le produit de son troupeau, payer son fermage, s'élevant à 1450 fr.?

617. Sachant qu'il faut 38 briques sur champ et une brouettée de mortier pour faire un mètre carré de maçonnerie, que les briques valent 42 fr. le mille, le mortier 2 fr. la brouettée, et que le travail de l'ouvrier est estimé 0 fr. 50, combien coûtera un mur de 6 mèt. car. 50 de surface?

618. Un cultivateur a acheté 220 litres de bon vin de Cette, auxquels il a ajouté 30 litres d'eau; il a payé ce vin, rendu chez lui, 115 fr.; à combien lui revient le litre de vin pur? à combien lui revient le litre du mélange?

619. Un hectolitre de graine d'œillette rend 32 kilogrammes d'huile, vendue 140 fr. les 100 kilogrammes. Quelle quantité d'huile retirera-t-on de 52 hectolitres de graine d'œillette et quelle en sera la valeur?

620. 42 ares 21 centiares de terrain ont produit 13000 kilogrammes de pommes de terre, qui ont été vendues 7 fr. les 100 kilogrammes; quelle somme a-t-on reçue?

621. 100 kilogrammes de blé rendent 73 kilogrammes de farine; quelle quantité de farine retirera-t-on de 8 hectolitres de blé, pesant chacun 75 kilogrammes?

CHAPITRE XIII.

Système Métrique.

---

§ 1. — Définitions et principes.

100. Le *système métrique* est l'ensemble des poids et des mesures ayant pour base le *mètre*.

101. Le mètre, unité fondamentale du système métrique, est une longueur égale à la dix-millionième partie du quart du méridien terrestre qui passe à Paris.

102. On appelle *méridien* un grand cercle que l'on suppose tracé autour de la terre et passant par les deux pôles. (V. la fig. ci-après.)

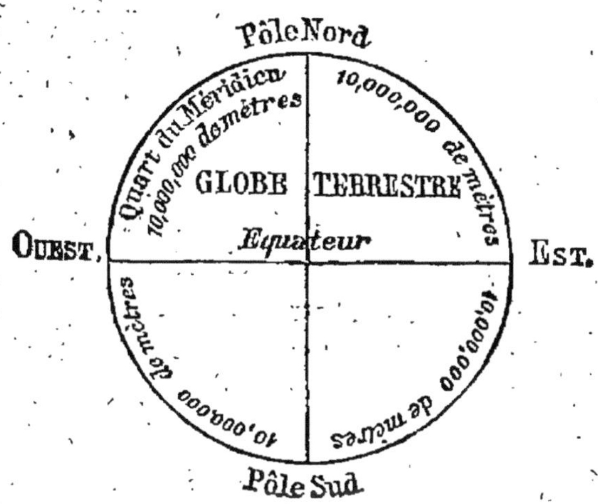

103. On appelle *grandeur* ou *quantité* tout ce qui peut être mesuré. Ainsi la longueur d'une route, l'étendue d'un champ, le volume d'un tas de bois, sont des quantités.

104. Évaluer ou mesurer une quantité, c'est la comparer à une autre quantité prise pour unité.

105. Les différentes grandeurs que nous pouvons avoir à évaluer sont :

Les *longueurs*, comme la longueur d'une pièce d'étoffe.

Les *poids*, comme le poids d'un sac de blé.

Les *capacités*, comme la contenance d'un tonneau.

Les *monnaies*, comme la valeur d'un meuble, d'un tas de bois.

Les *surfaces*, comme la surface d'un champ.

Les *volumes*, comme le volume d'un bloc de pierre, la maçonnerie d'une maison.

106. Pour chacune de ces grandeurs, il faut une unité différente.

L'unité de *Longueur* est le *mètre*.
L'unité de *Poids*   —   *gramme*.
L'unité de *Capacité*   —   *litre*.
L'unité de *Monnaie*   —   *franc*.
L'unité de *Surface*   —   *mètre carré*.
L'unité de *Volume*   —   *mètre cube*.

107. Dans le système métrique, on donne le nom de *multiples* aux mesures plus grandes que l'unité principale.

108. Les multiples décimaux sont ceux qui suivent la loi décimale.

Ces multiples sont désignés par les mots :
    Déca qui signifie.................   10
    Hecto.........................   100
    Kilo......................... 1000
    Myria....................... 10000

109. Les *sous-multiples* sont les mesures plus petites que l'unité principale.

Ils sont désignés par les mots :
    Déci qui signifie......... Dixième.
    Centi................... Centième.
    Milli................... Millième.

110. On appelle mesures *effectives* celles qui existent réellement dans le commerce, et mesures *nominales* celles qui servent seulement dans les comptes. Ainsi le double-mètre est une mesure effective, et le kilomètre, une mesure nominale.

QUESTIONNAIRE.

100. Qu'est-ce que le système métrique? — 101. Qu'est-ce que le mètre? — 102. Qu'appelle-t-on méridien? — 103. Qu'appelle-t-on grandeur ou quantité? — 104. Qu'est-ce que mesurer une quantité? — 105. Nommez les différentes grandeurs qu'on peut avoir à évaluer? — 106. Faites connaître les différentes unités servant à évaluer ces grandeurs. — 107. Qu'appelle-t-on multiples? — 108. Qu'appelle-t-on multiples décimaux, et comment les désigne-t-on? — 109. Qu'appelle-t-on sous-multiples? — 110. Qu'appelle-t-on mesures effectives et mesures nominales?

§ II. — Longueurs.

111. L'unité de longueur est le mètre.

112. Les multiples du mètre sont :

Le *Décamètre*	ou	10 mètres.
L' *Hectomètre*	—	100 —
Le *Kilomètre*	—	1000 —
Le *Myriamètre*	—	10000 —

113. Les sous-multiples du mètre sont :

Le *Décimètre*	ou la dixième partie du mètre.
Le *Centimètre*	— centième	—
Le *Millimètre*	— millième	—

MESURES EFFECTIVES DE LONGUEUR.

114. En vue des commodités du commerce, la loi a décidé que, toutes les fois que ce serait pos-

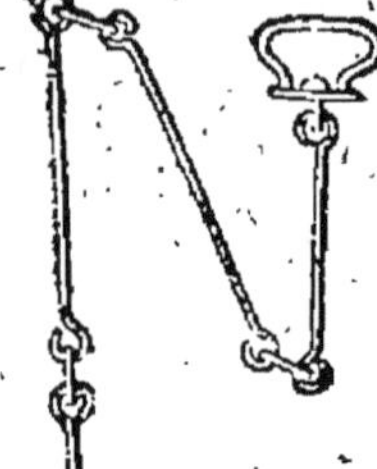

sible et nécessaire, chaque multiple et chaque sous-multiple décimal aurait son double et sa moitié.

115. Nous avons huit mesures réelles de longueur. Ce sont :

1° Le *double-décamètre* ou 20 mètres
2° Le *décamètre* — 10 —
3° Le *demi-décamètre* — 5 —
4° Le *double-mètre* — 2 —
5° Le *mètre* — 1 mètre.
6° Le *demi-mètre* — 5 décim.
7° Le *double-décimètre* — 2 —
8° Le *décimètre* — 1 —

ÉCRITURE DES NOMBRES EXPRIMANT DES LONGUEURS.

116. Pour écrire les nombres exprimant des longueurs, on place :

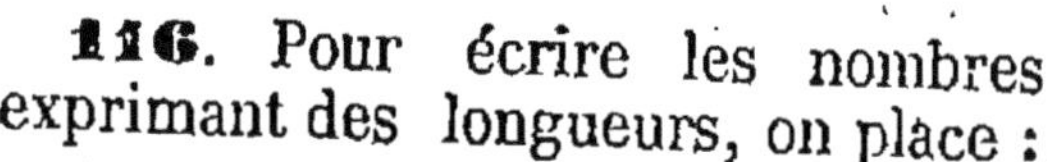

Les *mètres*   au rang des *unités.*
Les *décamètres*   —   *dizaines.*
Les *hectomètres* —   *centaines.*
Les *kilomètres*   —   *mille.*
Les *myriamètres* —   *diz. de mille.*
Les *décimètres*   —   *dixièmes.*
Les *centimètres* —   *centièmes.*
Les *millimètres* —   *millièmes.*

Ex. : Le nombre quatre cent quinze mètres vingt-trois millimètres s'écrira : 415 m.,023.

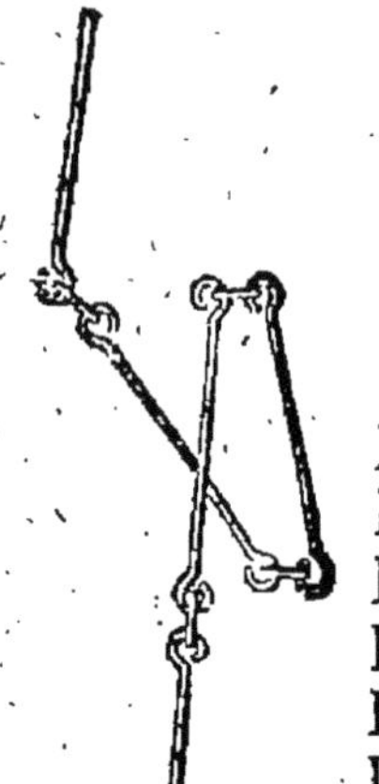

Décamètre ou
ch. d'arpenteur

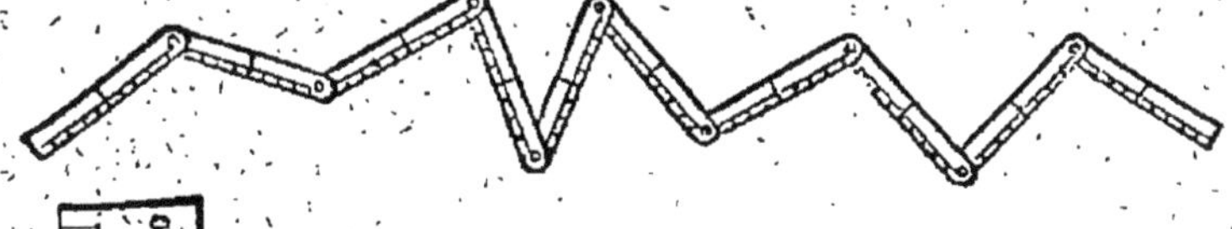

Mètre à moitié déplié, dixième de grandeur réelle.

Écrire en chiffres les nombres suivants :

(*Abréviations* : m., mètre; — d.c., décimètre; — c.m., centimètre; — mi, millimètre.)

622. Tois m. cinq d.c.; six m. quatre-vingts c.m.; quarante-huit m. trente-sept c.m.; deux cent quatre-vingt-dix-sept m. trente c.m.

623. Sept cent quinze m. deux cent douze mi.; quatre-vingt-quinze m. cinquante-trois mi.; cinq mille six cents m. soixante-douze c.m.

624. Sept m. vingt c. m.; deux m. quatre cent seize mi.; huit d.c.; trente c.m; deux mille six cent quarante m. soixante-dix-sept mi.

625. Trois cents m. cinq c.m.; deux cent six m. quatorze mi.; six mille cinq cents m. quarante-trois c.m.; mille quarante-neuf m. dix-sept mi.

626. Soixante-six mi.; deux cent neuf mi.; trois m. douze c.m.; cinq mi.; cent vingt-neuf m. dix mi.

627. Vingt-deux m. sept mi.; trois cent quinze mi.; trente-trois m. neuf c.m.; huit c.m.

628. Seize mille cinq cents mi.; quatorze c.m.; deux cent dix-huit m.; quarante-trois mi.

117. Lorsque les nombres sont dictés en multiples ou en sous-multiples du mètre, il faut les convertir en mètres.

Ainsi 32 décamètres s'écriront 320 mètres.

Écrire, en considérant le mètre comme unité :

629. Sept décam.; huit hectom.; quarante trois décam.; neuf cent un décam.

630. Quatre hectom.; vingt-sept hectom.; neuf cent quinze hectom.; six hectom.

631. Trente-deux kilom.; huit kilom.; trois cent soixante-quatorze kilom.

632. Sept cent vingt-trois myriam.; neuf myriam.; quatre cent douze myriam.; trois myriam.; quatre-vingt-onze myriam.

633. Deux décam.; vingt-sept décam.; trente-quatre hectom.; six cent dix-huit kilom.; neuf cent cinquante myriam.

Exercices oraux.

634. Combien faut-il de mètres pour faire un hectomètre? — un décamètre?

635. Combien faut-il de décamètres pour faire un kilomètre? — un myriamètre?

636. Combien y a-t-il de décimètres dans un mètre? — dans un décamètre? — dans un kilomètre?

637. Qu'est-ce que le mètre par rapport au décamètre? — par rapport au myriamètre?

638. Combien faut-il de décimètres pour faire un décamètre? — un hectomètre?

639. Qu'est-ce que le centimètre par rapport au décimètre? — au mètre? — au décamètre? — au myriamètre?

Nota. Le maître devra composer lui-même une grande quantité de ces sortes d'exercices.

118. Lorsque l'on doit écrire des nombres qui n'expriment pas des mesures principales, il faut les convertir en ces dernières.

Ex. : Sept doubles-mètres s'écriront : 14 mètres.

Écrire les nombres suivants :

640. 3 doubles-mètres ; 6 doubles-mètres ; 4 doubles-mètres ; seize demi-mètres.

641. 2 doubles-décamètres; 5 doubles décamètres; 8 demi-décamètres; 16 doubles-mètres.

LECTURE DES NOMBRES EXPRIMANT DES LONGUEURS.

119. Pour lire les nombres exprimant des longueurs, il y a deux cas à observer :

1° Si le nombre ne contient pas de décimales, on le lit comme un nombre entier en le faisant suivre du mot mètre. Ex. : Le nombre 548 m. se lira : cinq cent quarante-huit mètres.

2° Si le nombre contient des décimales, on lit d'abord la partie entière, puis la partie décimale, que l'on fait suivre du nom de la dernière décimale. Ex. : Le nombre 42 m. 375 se lira : quarante-deux mètres trois cent soixante-quinze millimètres.

Lire les nombres suivants :

642. 28 m. 6 ; 3 m. 9 ; 21 m. 16 ; 8 m. 42 ; 4 m. 56.

643. 7 m. 41 ; 96 m. 52 ; 138 m. 53 ; 75 m. 18.

644. 63 m. 04 ; 6145 m. 03 ; 726 m. 228 ; 1413 m. 290.

645. 278 m. 05 ; 419 m. 008 ; 1975 m. 42 ; 6 m. 915.

646. 48 m. 572 ; 92 m. 640 ; 3675 m. 025 ; 42 m. 04

CHANGEMENT D'UNITÉ.

120. Suivant les dimensions des objets que

l'on a à mesurer, chaque multiple et chaque sous-multiple décimal peut servir d'unité.

121. Dans les nombres écrits en chiffres, on peut changer d'unité par un simple déplacement de la virgule. Pour cela, on transporte la virgule à droite du chiffre qui doit représenter la nouvelle unité ; s'il n'y a pas assez de chiffres, on ajoute des zéros à la droite ou à la gauche du nombre, selon le cas. Ex. :

En prenant pour unité l'hectomètre dans le nombre 758 m. 42, on aura : 7 hectom. 5842.

Quand le nombre est entier, on met une virgule à la droite du chiffre qui doit représenter l'unité.

Cette règle est applicable aux poids et aux capacités.

Exercices oraux ou écrits.

Dans les nombres suivants, on prendra successivement pour unité le décamètre, l'hectomètre, le kilomètre.

647. 9275 m. 4; 3752 m. 02; 17803 m. 475; 3742 m. 219.

648. 3703 m. 251; 6031 m. 413; 37505 m. 08.

649. 205 m. 43; 751 m. 215; 673 m. 03; 8 m. 25.

650. 373 m. 906; 854 m. 36; 517 m. 819; 3 m. 6.

651. 75 m. 84; 38 m. 290; 5 m. 926; 73 m. 21.

652. 89 m. 373; 89 m. 06; 418 m. 930; 28 m. 06.

Problèmes.

653. On veut entourer de cymaises une chambre irrégulière dont les dimensions sont : 6 m. 25, 4 m. 48, 4 m. 60, 6. m. 90. Quelle est la longueur totale des cymaises qu'on devra employer?

654. Un garçon de ferme, chargé de labourer un champ de 45 m. 68 de largeur, a déjà fait 68 sillons

de 0 m. 32 de largeur; quelle largeur lui reste-t-il à labourer?

655. Une compagnie d'ouvriers, chargée de creuser 1458 m. 45 de rigoles pour placer des tuyaux de drainage, fait 17 m. par heure; combien lui faudra-t-il d'heures pour faire tout le travail?

656. Sur une pièce de drap de 47 m. 60, un tailleur a déjà enlevé 3 m. 80 pour une redingote, 1 m. 30 pour un pantalon et 0 m. 45 pour un gilet; quelle quantité de drap reste-t-il dans la pièce?

657. A 3 fr. 60 le mètre d'étoffe, combien le décimètre et le décamètre?

658. A 9 fr. 25 le mètre de drap, combien 6 m. 20?

659. Que doit-on payer pour 0 m. 06 de drap rouge à 26 fr. le mètre?

660. A 2 fr. 40 le mètre de ruban de velours, combien 10 mètres? — Combien un décimètre?

661. S'il faut 20 m. 30 de calicot pour faire 6 chemises, quelle longueur faut-il par chemise?

662. De Paris à Belfort, il y a 443 kilom. par le chemin de fer, et le prix des billets de 3ᵉ classe est de 30 fr. Quel est le tarif par kilomètre?

663. On veut couvrir le mur de clôture d'une propriété rectangulaire, mesurant 27 m. 60 de large et 42 m. 25 de long, de dalles en pierre surplombant de 0 m. 10 ledit mur, dont l'épaisseur est de 0 m. 22. Les dalles se payant, posées, 3 fr. 75 le mètre linéaire, qu'elle dépense fera-t-on?

664. Pour mesurer la hauteur d'un arbre au moyen de son ombre, on a planté un bâton vertical de 2 m. qui donnait à midi 1 m. 80 d'ombre; quelle est la hauteur de cet arbre, si à la même heure son ombre avait une longueur de 15 m. 70?

665. On obtient la longueur d'une circonférence en multipliant son diamètre par le nombre 3,1416.

Quelle est, d'après cela, la circonférence d'un bassin circulaire ayant 4 m. 75 de diamètre ?

666. La longueur du diamètre s'obtient en divisant la circonférence par 3,1416. Quel est, d'après cela, le diamètre d'un arbre dont le pourtour est de 2 m. 30 ?

MESURES ITINÉRAIRES.

122. Les mesures *itinéraires* sont celles qui servent à évaluer les grandes distances, comme la distance de Paris à Marseille.

123. Ces mesures sont : le *myriamètre*, le *kilomètre* et l'*hectomètre*.

124. Les *kilomètres* et les *hectomètres* sont marqués sur les routes par des bornes en pierre.

QUESTIONNAIRE.

111. Quelle est l'unité de longueur? — **112.** Citez les multiples du mètre. — 113. Citez les sous-multiples du mètre. — 114. Qu'a décidé la loi en vue des commodités du commerce?— 115. Combien y a-t-il de mesures réelles de longueur? Citez-les. — 116. Comment fait-on pour écrire les nombres exprimant des mesures de longueur? — 117. Que fait-on quand les nombres sont dictés en multiples ou en sous-multiples du mètre? — 118. Que fait-on quand les nombres n'expriment pas des unités principales?, — 119. Comment s'y prend-on pour lire les nombres exprimant des longueurs? — 120. Quand les multiples et les sous-multiples peuvent-ils servir d'unités? — 121. Comment fait-on pour changer d'unité dans les nombres écrits en chiffres ? — **122.** Qu'est-ce que les mesures itinéraires? — 123. Quelles sont les mesures itinéraires ? —**124.** Comment ces mesures sont-elles marquées sur les routes?

§ III. — Poids.

125. — L'unité de poids est le *gramme.*

126. Le *gramme* est le poids d'un centimètre cube d'eau pure prise à la température de 4 degrés centigrades au-dessus de zéro et pesée dans le vide.

127. Les multiples du gramme sont:

Le *décagramme* ou 10 grammes.
L' *hectogramme* — 100 —
Le *kilogramme* — 1000 —
Le *myriagramme* — 10000 —

128. Les sous-multiples du gramme sont :

Le *décigramme* ou la dixième partie du gramme.
Le *centigramme* — centième —
Le *milligramme* — millième —

POIDS USUELS.

129. Il y a vingt-quatre poids, qui sont :

Gros poids.
- 50 kilogrammes, en fonte.
- 20 kilogrammes (fonte ou cuivre.)
- 10 kilogrammes —
- 5 kilogrammes —
- 2 kilogrammes —

Moyens poids.
- 1 kilogramme —
- 5 hectogrammes —
- 2 hectogrammes —
- 1 hectogramme —
- 5 décagrammes —
- 2 décagrammes (en cuivre seulement).
- 1 décagramme —
- 5 grammes —
- 2 grammes —

Petits poids $\left\{\begin{array}{l}\end{array}\right.$

1 gramme (en cuivre seulement).
5 décigrammes (cuivre ou argent)
2 décigrammes   —
1 décigramme   —
5 centigrammes   —
2 centigrammes   —
1 centigramme   —
5 milligrammes   —
2 milligrammes   —
1 milligramme   —

130. Il y a 10 poids en fonte : ceux de 50 kilogrammes et de 20 kilogrammes ont la forme d'une pyramide tronquée arrondie aux angles ; les autres ont la forme d'une pyramide tronquée à base hexagonale. Ils sont tous munis d'un anneau pour les soulever.

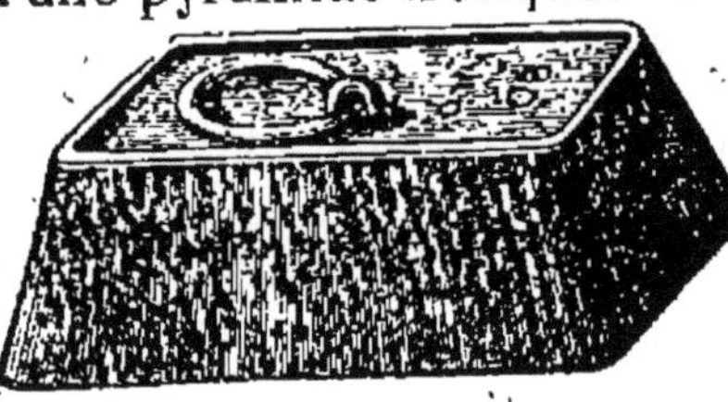

Poids de 20 kilogrammes.

Poids de 2 kilog.

131. Il y a 14 poids en cuivre ayant la forme d'un cylindre et surmontés d'un bouton. La hauteur du cylindre est égale à son diamètre et le bouton en est la moitié. Le gramme et le double-gramme ont quelquefois un diamètre plus grand que la hauteur.

Poids de 20 grammes, grandeur réelle.

132. Il y a 9 poids en cuivre ayant la forme de petites feuilles rectangulaires. Cette série commence

Grandeur réelle.

au demi-gramme et se termine au milligramme.

133. On fait encore des poids en cuivre en forme de godets coniques, s'emboîtant les uns dans les autres et s'enfermant dans une boîte. La boîte et les poids qu'elle contient pèsent juste un kilogramme ou un sous-multiple du kilogramme.

134. Dans les pesées moyennes, on prend le kilogramme pour unité; dans les fortes pesées, on prend le *quintal métrique*, qui vaut 100 kilog. ou le *tonneau de mer*, qui vaut 1000 kilog.

135. Une série complète de poids doit contenir deux poids d'un double-gramme, deux poids d'un décagramme, deux poids d'un hectogramme, deux poids d'un kilogramme, et aussi deux poids d'un double-décigramme, deux poids d'un double centigramme et deux poids d'un double milligr.

INSTRUMENTS DE PESAGE.

136. Les principaux instruments de pesage

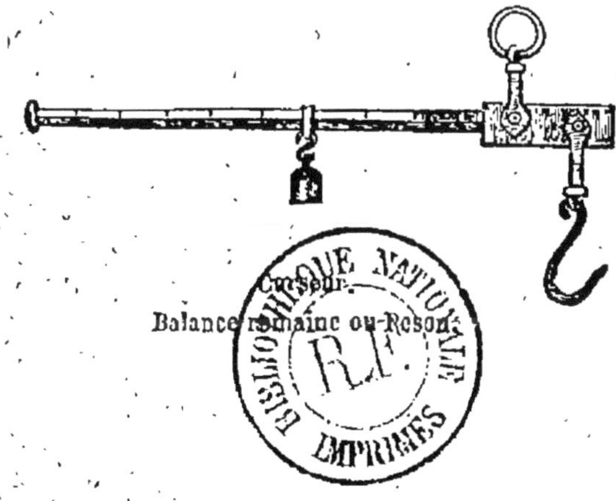

Balance romaine ou Peson.

sont : La balance *à colonnes*, la balance *romaine* ou *peson*, la *balance-bascule*.

Balance à plateaux.

137. Dans la balance-bascule, un poids quelconque placé sur le plateau A fait équilibre à un poids **10** fois plus fort placé en B.

Balance-Bascule.

Exercices oraux.

Quels poids doit-on employer pour peser :

667. Deux grammes; cinq grammes; dix grammes; deux cents grammes?

668. Six grammes; sept grammes; huit grammes; neuf grammes?

669. Douze grammes; quinze grammes; dix-sept grammes; dix-neuf grammes?

670. Vingt-deux grammes; trente-six grammes; quarante-huit grammes?

671. Cinquante-cinq grammes; soixante-deux grammes; quatre-vingt-dix grammes; quatre-vingt-dix-neuf grammes?

672. Deux cents grammes; trois cent vingt-trois grammes; huit hectogrammes; six grammes; un demi-kilogramme?

673. Quinze kilogrammes; trois cent quarante-deux grammes; quarante-six kilogrammes; soixante grammes?

674. Deux décigrammes; vingt-cinq centigrammes; seize centigrammes; huit milligrammes; neuf milligrammes?

ÉCRITURE DES NOMBRES EXPRIMANT DES POIDS.

138. Pour écrire les nombres exprimant des poids, on place :

Les *grammes*	au rang des	*unités.*
Les *décagrammes*	—	*dizaines.*
Les *hectogrammes*	—	*centaines.*
Les *kilogrammes*	—	*mille.*
Les *myriagrammes*	—	*dizaines de mille*
Les *décigrammes*	—	*dixièmes.*
Les *centigrammes*	—	*centièmes.*
Les *milligrammes*	—	*millièmes.*

Écrire en chiffres les nombres suivants :

675. Cinq grammes deux décig.; huit grammes sept décig.; quatorze grammes six décig.; quarante-deux grammes neuf décig.

676. Douze grammes quinze centig.; trente-six grammes soixante-trois centig.; quatorze grammes cinq centig.

677. Neuf cent vingt-sept grammes cinq cent dix-sept millig.; trois grammes trente-deux millig.; trente-sept grammes sept millig.

678. Trois cent cinquante grammes neuf millig.; huit grammes six cents millig.; vingt-neuf grammes quarante centig.

679. Soixante et onze grammes neuf décig.; dix-huit grammes trois centig.; cinquante grammes neuf millig.

680. Quatre décig.; sept décig.; huit décig.; neuf décig.; seize décig.

681. Dix-neuf centig.; quarante-huit centig.; trente-neuf centig.; cinq centig.

682. Sept cent douze millig.; cinquante-six millig.; trois mille grammes deux cent quinze millig.

Écrire, en considérant toujours le gramme comme unité :

683. Quatre décag.; cinq décag.; huit décag. ; quatre-vingt-dix-sept décag.

684. Deux hectog.; huit hectog.; six hectog.; quinze hectog.

685. Huit kilog.: dix-neuf kilog.; quarante-huit kilog.; cinquante kilog.

686. Soixante kilog.; quatre myriag.; neuf hectog. trois décag.; dix kilog.; trois hectog.; cinq décag.

687. Deux doubles-grammes; sept doubles-décigrammes; neuf doubles-hectog.

688. Dix-sept doubles-grammes; quatorze doubles-centig.; neuf demi-décag.; trois demi-kilog.

Exercices oraux.

689. Qu'est-ce que le gramme par rapport à l'hectogramme? — au décagramme?

690. Qu'est-ce que le décagramme par rapport à l'hectogramme? — au kilogramme? — au myriagramme?

691. Qu'est-ce que le décigramme par rapport au gramme? — au décagramme? — au kilogramme?

692. Qu'est-ce que le double-gramme par rapport au décagramme? — à l'hectogramme? — au kilogramme?

693. Combien faut-il de grammes pour faire un double-décagramme? — un demi-hectogramme? — un double-kilogramme?

LECTURE DES NOMBRES EXPRIMANT DES POIDS.

139. Pour lire un nombre exprimant des poids, il y a deux cas à observer :

1° Si le nombre ne contient pas de décimales, on le lit comme un nombre entier, en le faisant suivre du nom de l'unité choisie, soit grammes, soit kilogrammes, etc. Ex. : Le nombre 732 gr. se lira : sept cent trente-deux grammes.

2° Si le nombre contient des décimales, on lit d'abord la partie entière, s'il y en a une, et ensuite la partie décimale que l'on fait suivre du nom de la dernière décimale. Ex. : Le nombre 418 gr. 256 se lira : quatre cent dix-huit grammes deux cent cinquante-six milligrammes.

Lire les nombres suivants :

694. 4 gr. 3; 8 gr. 9; 7 gr. 2; 63 gr. 5;72 gr. 28.
695. 25 gr. 34; 66 gr. 54; 75 gr. 29; 32 gr. 88.
696. 927 gr. 42; 753 gr. 05; 871 gr. 06; 4 gr. 09.

697. 13 gr. 419; 8 gr. 495; 72 gr. 905; 45 gr. 608.
698. 215 gr. 047; 618 gr. 056; 93 gr. 041; 6 gr. 027.
699. 5 gr. 008; 48 gr. 007; 19 gr. 056; 1712 gr. 423.
700. 0 gr. 3; 0 gr. 8; 0 gr. 27; 0 gr. 49; 2 gr. 5.
701. 700 gr. 05; 0 gr. 639; 0 gr. 057; 0 gr. 004.

CHANGEMENT D'UNITÉ (voir n°s 120 et 121).

Dans les nombres suivants, on prendra successivement pour unité le décagramme, l'hectogramme et le kilogramme.

702. 3643 gr. 915; 1218 gr. 45; 9065 gr. 43.
703. 4375 gr. 9; 67089 gr. 18; 2067 gr. 51.
704. 612 gr. 27; 408 gr. 62; 921 gr. 058; 437 gr. 26.
705. 37 gr. 419; 50 gr. 956; 3410 gr. 38; 643 gr. 128.
706. 2154 gr. 903; 6703 gr. 22; 719 gr.; 45 gr.; 7 gr.

Problèmes.

707. A 3 fr. 25 le kilog. de café, combien le décag. et l'hectog.?

708. Un kilog. de bœuf coûte 1 fr. 75; combien coûteront 5 kilog. 250?

709. Quand le pain vaut 0 fr. 38 le kilog., que doit-on payer pour 57 kilog, 450?

710. Quand le pain se vend 0 fr. 37 le kilog., quelle quantité en aura-t-on pour 18 fr. 40?

711. On peut récolter 430 kilbg. de betteraves par are; combien en récoltera-t-on dans 15 ares 27?

712. Quand le beurre vaut 1 fr. 80 le kilog., combien doit-on payer pour 4 kilog. 750?

713. On a récolté 17000 kilog. de navets dans un champ de 51 ares 36; combien ce champ a-t-il produit par are?

714. Le fer en barres vaut 317 fr. les 1000 kilog.; que doit-on payer pour 7 quintaux et demi?

715. 8 kilog. de feuilles de carottes valent 2 kilog. de foin sec pour la nourriture des bestiaux; combien 7950 kilog. de ces feuilles valent-ils de kilog. de foin?

716. Un épicier a vendu 4 kilog. 500 de sucre à 1 fr. 85 le kilog.; on lui a donné en échange 7 douzaines et demie d'œufs à 0 fr. 85 la douzaine; a-t-il gagné ou perdu, et combien ?

717. 100 kilog. de betteraves rendent 6 kilog. 300 de sucre; combien faudra-t-il de betteraves pour produire 1800 kilog. de sucre ?

718. D'après le problème précédent, quelle étendue de terrain faudra-t-il ensemencer pour obtenir 45000 kilog. de sucre, si un hectare produit 42000 kilog. de betteraves ?

719. CARNET DE BOUCHERIE. — RELEVÉ MENSUEL.

Bœuf : 7 kilog. 720 + 2 kilog. 250 + 0 kilog. 250 + 5 kilog. 300 + 0 kilog. 780 + 4 kilog. 150, à 1 fr. 75 le kilog. Veau : 1 kilog. 350 + 2 kilog. 025 + 1 kilog. 280 + 3 kilog. 037 + 2 kilog. 755 + 3 kilog. 600 + 0 kilog. 250 + 0 kilog. 480 à 1 fr. 90 le kilog. Mouton : 1 kilog. 615 + 2 kilog. 420 + 3 kilog. 150 + 1 kilog. 250 + 4 kilog. 720 + 1 kilog. 670, à 2 fr. 10 le kilog. Faire le compte de ce que l'on doit.

720.   FACTURE D'UN NÉGOCIANT.

FABRIQUE DE CORDAGES, FICELLES ET FILASSES.

Rothier frères, à Troyes.

Doit M. Bertin les articles qui suivent :

Troyes, *le 6 janvier 1874.*

DATES.	KIL	GR.		FR.	C.	FU.	C.
février 3	135	»	45 douzaines de longes de 2 m.	1	40		
id. 4	48	500	Ficelle, deux fils, lisse............	2	60		
» »	63	800	id. d'emballage, trois fils..	1	80		
Mars 18	30	»	Ficelle à fouet, par paquets de 500 grammes................	3	40		
id. 20	2	400	Bolduc rose...................	9	50		
» »	15	780	Cordeau à linge, soie végétale..	2	10		
Avril 6	200	»	Câble goudronné pour marine, 0,08 cent. diamètre; à.........	1	20		

(Transcrire cette facture et la terminer.)

QUESTIONNAIRE.

125. Quelle est l'unité de poids? — 126. Qu'est-ce que le gramme? — 127. Nommez les multiples du gramme. — 128. Nommez les sous-multiples du gramme. — 129. Combien y a-t-il de poids? Nommez-les. — 130. Combien y a-t-il de poids en fonte? Nommez-les; quelle en est la forme? De quoi sont-ils munis? — 131. Combien y a-t-il de poids en cuivre? Quelles en sont la forme et les dimensions? — 132. Combien y a-t-il de poids en feuilles? Nommez-les? — 133. Fait-on encore d'autres poids en cuivre? — 134. Prend-on toujours le gramme pour unité? — 135. Quels sont les poids que doit contenir une série complète? — 136. Quels sont les principaux instruments de pesage? — 137. Quelle particularité offre la balance-bascule? — 138. Comment écrit-on les nombres exprimant des poids? — 139. Comment lit-on les nombres exprimant des poids?

§ IV. — Capacités.

140. L'unité de capacité est le *litre*.

141. Le litre est un vase dont la capacité est égale à celle d'un décimètre cube.

142. Les multiples du litre sont :

Le *décalitre*	ou	10 litres.
L' *hectolitre*	—	100 —
Le *kilolitre*	—	1000 —
Le *myrialitre*	—	10000 —

143. Les sous-multiples du litre sont :

Le *décilitre* ou la dixième partie du litre.

Le *centilitre*	—	centième	—
Le *millilitre*	—	millième	—

144. Il y a treize mesures réelles de capacité dont cinq grandes et huit petites ; on les construit, suivant l'usage auquel on les destine, en bois, en tôle ou en étain.

Ces mesures sont :

Grandes mesures.
{
L' *hectolitre.*
Le *demi-hectolitre.*
Le *double-décalitre.*
Le *décalitre.*
Le *demi-décalitre.*
}

Petites mesures.
{
Le *double-litre.*
Le *litre.*
Le *demi-litre.*
Le *double-décilitre.*
Le *décilitre.*
Le *demi-décilitre.*
Le *double-centilitre.*
Le *centilitre.*
}

Diamètre, 86 millimètres.
Hauteur, 172 millimètres.

Litre.

145. Les huit petites mesures servant pour les liquides autres que l'huile et le lait sont composées d'un alliage comprenant 95 parties d'étain et 5 de plomb. Elles ont dans ce cas, la forme d'un cylindre dont la hauteur est le double du diamètre.

Diamètre, 108 millimètres.
Hauteur, 108 millimètres.

146. Les petites mesures servant à mesurer l'huile sont en fer-blanc, et ont la forme d'un cylindre dont la hauteur est égale au diamètre. Celles qui ser-

Litre.

vent, pour l'huile à manger sont marquées d'un M.; les autres sont marquées d'un B.

147. Les mesures pour le lait sont munies d'un crochet.

MESURES DES GRAINES ET DES MATIÈRES SÈCHES.

148. La série des mesures servant aux graines et aux matières sèches commence à l'hectolitre et se termine au demi-décilitre.

Mesure en bois,
Décalitre.

Ces mesures sont en bois, et elles ont la forme d'un cylindre dont le diamètre est égal à la hauteur.

149. On fait également ces mesures en tôle, en fer ou en cuivre, avec une anse de chaque côté.

150. L'hectolitre servant à mesurer la chaux, le charbon, etc., est muni de pieds.

Exercices oraux.

Mesurer, en employant le moins de mesures possible :

721. Trois litres; cinq litres; six litres; sept litres.
722. Douze litres; quinze litres; dix-neuf litres.

723. Trente-trois litres; quarante-deux litres; vingt et un litres.

724. Cinquante-sept litres; quatre-vingts litres; soixante-quatre litres.

725. Quatre cent cinquante litres; deux cent vingt-six litres; neuf cents litres.

726. Trois litres deux décilitres; quatre litres vingt-cinq centilitres; vingt-six centilitres.

727. Neuf litres trois décilitres; quatre centilitres; six décilitres.

ÉCRITURE DES NOMBRES EXPRIMANT DES CAPACITÉS.

151. Pour écrire les nombres exprimant des capacités, on place :

Les *litres*	au rang des	*unités.*
Les *décalitres*	—	*dizaines.*
Les *hectolitres*	—	*centaines.*
Les *kilolitres*	—	*mille.*
Les *myrialitres*	—	*dizaines de mille.*
Les *décilitres*	—	*dixièmes.*
Les *centilitres*	—	*centièmes.*
Les *millilitres*	—	*millièmes.*

Écrire en chiffres :

728. Dix-huit litres quatre décilitres; vingt-neuf litres treize centilitres; quatre litres deux décilitres; vingt-trois litres six décilitres.

729. Trente-neuf litres quatre décilitres; cinq litres quarante-neuf centilitres; huit litres trois centilitres; quatorze litres huit centilitres.

730. Soixante-douze litres trente et un centilitres; cinquante-sept litres vingt-deux centilitres; douze litres neuf centilitres.

731. Cent vingt-quatre litres soixante centilitres; deux cent soixante-neuf litres trente-six centilitres; deux mille litres quatre décilitres.

732. Neuf cent quatre litres cinquante centilitres; sept cents litres trois décilitres; vingt litres sept centilitres.

733. Huit litres quatre cent trente-sept millilitres; quatre vingt-dix litres cinquante-deux centilitres.

734. Six cent un litres quatre centilitres; huit cent soixante quinze litres six décilitres.

735. Huit décilitres; trente-deux centilitres; quatre centilitres six cent dix-neuf millilitres.

736. Quarante-trois millilitres; six millilitres; deux décilitres; cinq centilitres.

737. Seize cents litres six cent trente-sept millilitres; six mille trois cent quarante-sept litres neuf cent deux millilitres.

Écrire, en considérant toujours le litre comme unité :

738. Trois décalitres; six décalitres; quinze décalitres; vingt-sept hectolitres.

739. Quarante-deux décalitres; trois hectolitres; cinq hectolitres; dix-sept hectolitres.

740. Neuf hectolitres; seize hectolitres; quarante-deux décalitres; un décalitre.

741. Six kilolitres; trois kilolitres; dix-sept kilolitres; quatre hectolitres.

742. Deux myrialitres; quinze hectolitres; dix-huit myrialitres; soixante myrialitres.

743. Vingt-quatre décilitres; cent quatre-vingt-treize centilitres; trois mille six cent cinquante-neuf millilitres.

744. Cinq doubles-litres; deux doubles-décalitres; quatre demi-décalitres; sept demi-décalitres.

745. Six doubles-litres; quinze demi-litres; sept doubles-décilitres; quatre doubles-centilitres.; soixante-quatre demi hectolitres.

LECTURE DES NOMBRES EXPRIMANT DES CAPACITÉS.

152. Pour lire un nombre exprimant des capacités, il y a deux cas à observer :

1° Si le nombre ne contient pas de décimales, on le lit comme un nombre entier en le faisant suivre du mot litre. Ex. : le nombre 218 l. se lira : deux cent dix-huit litres.

2° Si le nombre contient des décimales, on lit d'abord la partie entière, s'il y en a une, et ensuite la partie décimale, que l'on fait suivre du nom de la dernière décimale. Ex. : le nombre 71 l. 43 se lira : soixante et onze litres quarante-trois centilitres.

Lire les nombres suivants :

746. 8 l. 7 ; 9 l. 2 ; 10 l. 8 ; 34 l. 7 ; 69 l. 7 ; 45 l. 15.
747. 418 l. 2 ; 72 l. 51 ; 173 l. 05 ; 215 l. 74 ; 8 l. 23.
748. 67 l. 29 ; 48 l. 54 ; 543 l. 09 ; 68 l. 07 ; 9 l. 340.
749. 415 l. 27 ; 670 l. 928 ; 56 l. 417 ; 158 l. 549.
750. 5 l. 036 ; 8 l. 049 ; 95 l. 04 ; 6375 l. 008.
751. 0 l. 3 ; 0 l. 7 ; 0 l. 5 ; 0 l. 8 ; 0 l. 26 ; 0 l. 375.
752. 0 l. 34 ; 0 l. 75 ; 0 l. 637 ; 0 l. 951 ; 6 l. 48.
753. 0 l. 03 ; 0 l. 005 ; 0 l. 007 ; 0 l. 405 ; 0 l. 680.

Exercices écrits.

Dans les nombres suivants, on prendra successivement pour unité le décalitre, l'hectolitre, le kilolitre.

754. 636 l. ; 869 l. ; 1418 l. ; 23806 l ; 3707926 l.
755. 1234 l. ; 4568 l. ; 269 t. ; 1716 l. ; 40403 l.
756. 1365 l. 4 ; 228 l. 52 ; 368 l. 07 ; 523 l. 36.
757. 903 l. 03 ; 762 l. 09 ; 412 l. 637 ; 95 l. 449.
758. 393 l. 275 ; 65 l. 607 ; 3988 l. 003 ; 76 l. 41.

RAPPORT DES CONTENANCES DES MESURES DE CAPACITÉ AU POIDS DE L'EAU QU'ELLES RENFERMENT.

153. Le centimètre cube d'eau pure pèse un gramme; il équivaut au millilitre.

Il suit de là que :

Le *centilitre* d'eau pure pèse	10 grammes.	
Le *décilitre* —	100	—
Le LITRE —	1000	—
Le *décalitre* —	10 kilog.	
L' *hectolitre* —	100	—
Le *kilolitre* —	1000	—
Le *myrialitre* —	10000	—

Exercices.

Quelle quantité d'eau faut-il, pour faire équilibre, sur une balance, aux poids suivants :

759. 40 gr.; 700 gr.; 80 gr.; 970 gr.; 750 gr; 8 gr.
760. 140 gr.; 272 gr.; 652 gr.; 1357 gr.; 38 gr.
761. 6 décag.; 72 décag.; 45 hectog.; 19 décag.
762. 18 hectog.; 49 hectog.; 175 hectog.; 38 hectog.
763. 5 kilog.; 26 kilog.; 134 kilog.; 8 myriag.
764. 9 myriag.; 63 myriag.; 470 myriag.

Problèmes.

765. Un marchand grainetier a reçu 5 sacs de graine de sainfoin contenant chacun 12 décal. 5; combien a-t-il reçu de litres de cette graine?
766. On a retiré 32 litres 54 de vin d'un tonneau

qui en contenait 228 litres ; que reste-t-il de vin dans ce tonneau ?

767. Un litre de lentilles valant 0 fr. 45 , à combien reviennent le décalitre, le double-décalitre et l'hectolitre ?

768. Un litre d'huile de navette première qualité coûte 1 fr. 70 ; un litre de cette huile, seconde qualité, coûte 1 fr. 30 ; quelle est la différence entre le prix de revient de 253 litres d'huile première qualité et de 253 litres d'huile seconde qualité ?

769. A 58 litres 7 de vin on ajoute 8 litres 33 d'eau ; à combien revient le litre du mélange ?

770. Pour emplir un fût de vinaigre, on y a mis 27 brocs de 9 litres 5 chacun ; quelle est la contenance de ce fût ?

771. Une ménagère échange 38 litres de haricots contre 7 kilog. 250 de viande de porc, à 1 fr. 60 le kilog. Combien cette ménagère vend-elle le litre de haricots ?

772. Quand le seigle vaut 3 fr. 60 le double-décalitre, que doit-on payer pour 15 sacs contenant chacun 7 doubles décalitres et demi de cette céréale ?

773. J'ai acheté 8 hectol. d'avoine à 2 fr. 56 le double-décalitre ; que dois-je ?

774. Un parfumeur veut mettre 3 litres 25 d'eau de Cologne dans de petits flacons ayant chacun une contenance de 2 centilitres et demi ; combien faudra-t-il de ces flacons ?

775. Combien faudra-t-il de bouteilles de 0 litres 65 chacune pour contenir une pièce de vin de Bourgogne de 272 litres ?

776. Un vase plein d'eau pèse 2 kilog. 750 ; vide, il pèse 1 kilog. 679 ; quelle en est la capacité ?

777. L'hectolitre de blé pesant 76 kilog. 5, est-il plus avantageux d'acheter le blé au poids qu'à la mesure, quand il vaut 33 fr. l'hectolitre et 45 fr. 25 le quintal ?

778.   FACTURE D'UN LIQUORISTE.

Doit M. Royer, propriétaire à Toulon, les
articles suivants :

MOIS.	DATES.	DÉTAIL.	Fr.	C.	Fr.	C.
1873 Novembre	5	1 baril d'eau-de-vie de Cognac de 42 litres à..................	1	40		
»	»	1 panier de 25 bouteilles de champagne.....................	3	20		
»	»	4 litres de sirop de groseilles.......	3	10		
»	»	8 litres de vermouth.............	1	25		
»	»	15 litres de malaga extra..........	5	50		
»	»	20 litres de madère ordinaire.....	3	75		
		Reçu à-compte 100 fr.				

(Transcrire cette facture et la terminer.)

QUESTIONNAIRE.

140. Quelle est l'unité de capacité?—41. Qu'est-ce que le litre?—
142. Quels sont les multiples du litre? — 143. Quels sont les sous-
multiples du litre? — 144. Combien y a-t-il de mesures réelles de
capacité? — 145. Que savez-vous des petites mesures servant pour
les liquides autres que l'huile et le lait?— 146. Quelle est la forme
des mesures servant à l'huile? — 147. Quelle est la forme des mesures servant au lait?— 148. Faites connaître la série des mesures
pour les matières sèches. — 149. Fait-on ces mesures en tôle? —
150. Quelle est la forme de l'hectolitre servant à mesurer la chaux?
— 151. Comment écrit-on les nombres exprimant des capacités? —
152. Comment lit-on les nombres exprimant des capacités? —
153. Établissez les rapports des contenances des mesures de capacité
au poids de l'eau qu'elles renferment.

§ V. — Monnaies.

154. L'unité de monnaie est le *franc*.

155. Le franc est une pièce de monnaie du
poids de 5 grammes, contenant 0,835 millièmes
d'argent pur et 0,165 millièmes de cuivre.

156. Le franc n'a pas de multiples nominaux ; il n'a que deux sous-multiples : le *décime* qui vaut la dixième partie du franc et le *centime* qui vaut la centième partie du franc.

157. Le décime n'est presque jamais monnaie de compte ; les fractions de franc s'apprécient en centimes.

158.   TABLEAU DES MONNAIES EFFECTIVES.

INDICATION ET VALEUR DES PIÈCES.	POIDS.	DIAMÈTRE.
	Grammes.	Millimètres.
100 fr............	32,258	35
50 »	16,129	28
6 en or .... 40 »	12,903	26
20 »	6,451	21
10 »	3,225	19
5 »	1,6125	17
5 »	25	37
2 »	10	27
5 en argent. 1 »	5	23
50 cent........	2,5	18
20 »	1	16
10 »	10	30
4 en bronze. 5 »	5	25
2 »	2	20
1 »	1	15

159. Les six pièces en or contiennent 0,900 millièmes d'or et 0,100 millièmes de cuivre.

160. La pièce de 5 francs en argent est au titre de 0,900 millièmes.

ÉCRITURE DES NOMBRES EXPRIMANT DES MONNAIES.

161. Lorsque les nombres exprimant des monnaies sont entiers, ils sont exprimés en francs. Lorsqu'ils sont décimaux, la partie décimale est exprimée en centimes.

162. Quand ils ne contiennent pas de décimales, on les écrit comme des nombres entiers. Ex. : Le nombre seize francs s'écrira : 16 fr.

163. S'ils contiennent des décimales, il faut faire en sorte que le chiffre des centimes se trouve au rang des centièmes. Ex. : Le nombre cinq francs quarante-huit centimes s'écrira : 5 fr. 48.

Écrire les nombres suivants :

779. Vingt-sept francs; soixante francs; trente-neuf francs; sept cent quatre-vingt-dix-huit francs.

780. Treize francs dix-huit centimes; six francs soixante-quinze centimes; douze francs cinq centimes; quarante francs six centimes.

781. Quarante-neuf francs soixante centimes; vingt francs sept centimes; sept cents francs quinze centimes; trois cents francs cinq centimes.

782. Douze cents francs vingt centimes; quatorze cents francs soixante-dix centimes; neuf cents francs trente-sept centimes; quatre centimes.

783. Cinquante centimes; quinze centimes; quatre-vingts centimes; neuf centimes.

LECTURE DES NOMBRES EXPRIMANT DES MONNAIES.

164. Si un nombre exprimant des monnaies est entier, on le lit en le faisant suivre du mot franc; s'il contient des chiffres décimaux, on lit la partie entière, s'il y en a une, et ensuite la partie décimale que l'on fait suivre du mot centimes.

Lire ou écrire les nombres suivants :

784. 59 fr. 25 ; 38 fr. 45 ; 29 fr. 72 ; 36 fr. 95.
785. 6 fr. 30 ; 7 fr. 28 ; 215 fr. 60 ; 157 fr. 32.
786. 18 fr. 70 , 415 fr. 35 ; 712 fr. 25 ; 6 fr. 75.
787. 9 fr. 07 ; 4 fr. 82 ; 7 fr. 05 ; 19 fr. 54.
788. 415 fr. 32 ; 72 fr. 45 ; 6973 fr. 20 ; 5430 fr. 05.

Payer avec le moins de pièces et de billets possible

789. 4 fr. 30 ; 5 fr. 60 ; 9 fr. 25 ; 6 fr. 43 ; 17 fr. 45.
790. 15 fr. 60 ; 12 fr. 35 ; 60 fr. 48 ; 75 fr. 10.
791. 6 fr. 05 ; 18 fr. 03 ; 49 fr. 75 ; 100 fr. 40.
792. 200 fr. 20 ; 340 fr. 13 ; 950 fr. 25 ; 275 fr. 48.
793. 680 fr. 70 ; 719 fr. 95 ; 2435 fr. 46 ; 1779 fr.

TITRE DES MONNAIES ET DES LINGOTS.

165. On appelle *titre* d'une monnaie ou d'un lingot le rapport du poids du métal précieux au poids total de la monnaie ou du lingot. Ainsi, quand on dit que le titre d'une monnaie est de 0,800, cela signifie que sur 1000 grammes de cette monnaie, il y a 800 grammes de métal précieux.

166. L'or monnayé est à 0,900 millièmes et vaut 3100 fr. le kilogramme.

167. L'argent monnayé à 0,900 millièmes vaut 200 fr. le kilogramme.

168. La monnaie de cuivre vaut 10 fr. le kilog.

169. On voit qu'à poids égal l'or vaut 15 fois et demie (15,5) plus que l'argent, et que l'argent vaut 20 fois plus que le cuivre.

Problèmes.

794. Un marchand a vendu dans une journée

30 m. de drap à 14 fr. 50 le mètre ; 50 m. de toile à 1 fr. 70 le mètre ; 6 m. de reps de laine à 4 fr. 75 le mètre ; 8 m. de calicot à 0 fr. 85 le mètre ; combien a-t-il reçu, si on l'a payé comptant ?

795. On a acheté 15 lit. d'eau de fleurs d'oranger à 3 fr. 25 le litre ; combien a-t-on payé ?

796. L'hectolitre d'eau-de-vie valant 75 fr., combien doit-on payer pour 415 lit. ?

797. La bougie vaut 2 fr. 57 le kilog ; combien en aura-t-on de kilog. pour 60 fr.?

798. Quand le kilog. de savon vaut 0 fr. 86, que doit-on payer pour un quintal 35 ?

799. On a acheté 6 kilog. 730 de dragées pour 15 fr. 80 ; à combien revient le kilog. ?

800. 4 kilog. de cirage anglais ont été payés 5 fr. 70 ; à combien revient le kilog.?

801. Un épicier a vendu un pain de sucre de 8 kilog. 900 au prix de 1 fr. 75 le kilog. ; il manque à ce pain 450 gr. ; quelle somme l'épicier recevra-t-il ?

802. Un ouvrier qui gagne 3 fr. 50 par jour et qui travaille 300 jours dans l'année, a mis de côté 150 fr. ; quelle a été sa dépense moyenne par jour ?

803. Quelle est la valeur de l'argent monnayé qu'il faudrait pour faire équilibre à 4 lit. 50 d'eau pure placés sur le plateau d'une balance ?

804. Quel est le poids de l'or pur contenu dans une pièce de 20 fr.?

805. Quel est le poids de l'argent pur contenu dans 15 fr. en argent au titre de 0,900 ?

806. D'après le problème précédent, quel serait ce poids, si l'argent était au titre de 0,835 ?

QUESTIONNAIRE.

154. Quelle est l'unité de monnaie ?—155. Qu'est-ce que le franc ? — 156. Quels sont les multiples et les sous-multiples du franc ?— 157. Comment s'apprécient les fractions de franc ? — 158. Faites connaître les monnaies. —159. Quel est l'alliage des monnaies d'or ? — 160. Quel est l'alliage de la pièce de cinq francs en argent ? — 161. Comment écrit-on les nombres exprimant des monnaies ? —

162. Comment écrit-on ces nombres lorsqu'ils ne contiennent pas de décimales? — 163. Comment les écrit-on quand ils contiennent des décimales? — 164. Comment lit-on les nombres exprimant des monnaies? — 165. Qu'est-ce que le titre d'une monnaie ou d'un lingot? — 166. Combien vaut un kilogramme d'or monnayé? — 167. Combien vaut un kilogramme d'argent monnayé à 0,900 millièmes? — 168. Combien vaut la monnaie de cuivre? — 169. Faites connaître les rapports des valeurs des différentes monnaies entre elles.

§ VI. — Surfaces.

170. L'unité de surface est le *mètre carré*; c'est un carré qui a un mètre de côté.

171. Un *carré* est une surface à quatre côtés égaux joints entre eux à angles droits.

172. Les multiples du mètre carré sont :

Le *décamètre carré* qui a   10 mèt. de côté.
L' *hectomètre carré* —   100   —
Le *kilomètre carré* —   1000   —
Le *myriamètre carré* —   10000   —

173. Les sous-multiples du mètre carré sont :
Le *décimètre carré* qui a un décimètre de côté.
Le *centimètre carré* —   centimètre —
Le *millimètre carré* —   millimètre —

174. Il n'y a pas de mesures effectives de surface : la surface d'un corps s'obtient par le calcul.

175. Pour trouver la surface d'un carré, on multiplie son côté par lui-même. Ex. : un carré de 7 mètres de côté vaut $7 \times 7 = 49$ mètres carrés.

Par conséquent :

Le *décamètre carré* vaut   100 mèt. car.
L' *hectomètre carré* —   10000   —
Le *kilomètre carré* —   1000000   —
Le *myriamètre carré*—   100000000   —

176. On voit que les multiples décimaux du mètre carré sont entre eux dans le rapport de 1 à 100.

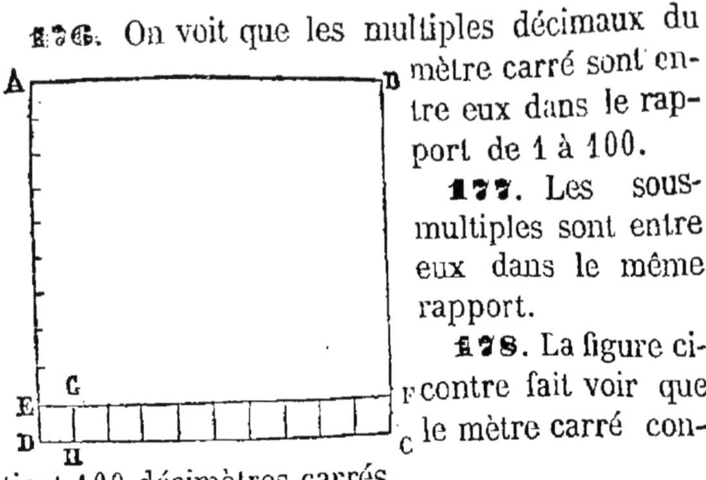

177. Les sous-multiples sont entre eux dans le même rapport.

178. La figure ci-contre fait voir que le mètre carré contient 100 décimètres carrés.

Remarque.

179. Il ne faut pas confondre le *décimètre carré* avec le *dixième de mètre carré.*

Le décimètre carré est un carré de 1 décimètre de côté. Ex. : DHGE. (*Fig.* du n° 177.)

Le dixième de mètre carré est la dixième partie du mètre carré ; il vaut par conséquent 10 décimètres carrés. Ex. : DCFE (*fig.* du n° 177).

ÉCRITURE DES NOMBRES EXPRIMANT DES SURFACES.

180. Chaque multiple et chaque sous-multiple décimal du mètre carré contenant des unités et des dizaines, il faut deux chiffres pour écrire chacun d'eux.

181. Pour écrire un nombre exprimant des surfaces, il y a deux cas à observer :

1° Lorsque le nombre est exprimé en mètres carrés et qu'il ne contient pas de décimales, on l'écrit comme un nombre entier. Ex. : Le nombre quatre cent vingt-huit mètres carrés, s'écrira : 428 m. car. ou 428 m. q..

2° Lorsque le nombre est exprimé en mètres carrés et qu'il contient des décimales, on écrit d'abord la partie entière, ensuite la partie décimale, en se rappelant qu'il faut deux chiffres pour chaque multiple et chaque sous-multiple décimal. On met des zéros pour remplacer les ordres qui manquent. Ex. : Le nombre vingt-neuf mètres carrés quatre cent dix-sept centimètres carrés, s'écrira : 29 m. car. 0417.

182. Le tableau ci-dessous fera voir la place que doivent occuper les différents ordres d'unités.

Myriamètres carrés.		Kilomètres carrés.		Hectomètres carrés.		Décamètres carrés.		Mètres carrés.		Décimètres carrés.		Centimètres carrés.		Millimètres carrés.	
10e	9e	8e	7e	6e	5e	4e	3e	2e	1er	1er	2e	3e	4e	5e	6e
D	U	D	U	D	U	D	U	D	U	D	U	D	U	D	U

Écrire en chiffres les nombres suivants :

807. Cinquante-six m. car.; trois cent neuf m. car.; huit cent vingt-sept m. car.

808. Soixante m. car. quinze décim. car.; sept

m. car. treize décim. car.; trente-neuf m. car. cinquante-neuf décim. car.

809. Neuf m. car. huit décim. car.; seize m. car.
quatre décim. car.; trente m. car. sept décim. car.

810. Quarante-deux décim. car.; cinq mille six
cent vingt-trois centim. car.; neuf cent vingt-six
m. car. sept mille cent trente-huit centim. car.

811. Soixante-douze m. car. quinze centim. car.;
quarante m. car. neuf cent trente-six centim. car.;
huit m. car. soixante-treize cent. car.

812. Quatre m. car. cinq cent quarante-trois centim. car.; seize m. car. huit centim. car.; quatorze
m. car. vingt-six centim. car.

813. Trente-sept décim. car.; quatre-vingt-quatre
décim. car.; quarante-sept décim. car.; cent vingt-
cinq centim. car.

814. Trente-six centim. car.; soixante-neuf centim. car.; cinquante-neuf centim. car.; huit centim.
car.; cinquante centimètres car.

815. Neuf m. car. six cent trente-sept mille vingt-
quatre millim. car.; quatorze millim. car.; trente-
six millim. car.; neuf m. car. cinq millim. car.

Ecrire, en prenant le mètre carré pour unité:

816. Dix-sept décam. car.; soixante-huit décam.
car.; trente-six décam. car.; dix-sept décam. car.

817. Six hectom. car.; trente-neuf hectom. car.;
quinze hectom. car.; vingt-huit hectom. car.

818. Trois kilom. car.; soixante kilom. car; vingt-
neuf kilom. car.; cinquante-quatre kilom. car.

819. Deux myriam. car.; six myriam. car.; neuf
myriam. car.; treize myriam. car.

820. Six kilom. car.; neuf hectom. car.; quinze
décam. car.; neuf kilom. car.

821. Quarante-sept hectom. car.; vingt-cinq décam. car.; trente-cinq myriam. car.

822. Huit kilom. car.; quatre hectom. car.; seize décam. car.; soixante-quinze décam. car.

823. Cinq hectom. car.; quatorze décam. car.; huit décam. car.; soixante-quatre décim. car.

824. Six décam. car.; soixante-quinze décam. car.; sept décim. car.; huit centim. car.

LECTURE DES NOMBRES EXPRIMANT DES SURFACES.

183. Lorsqu'un nombre exprimant des surfaces ne contient pas de décimales, on le lit comme un nombre entier en le faisant suivre des mots mètres carrés. Ex. : Le nombre 5208 m. car. se lira : cinq mille deux cent huit mètres carrés.

Si le nombre contient des décimales, on lit d'abord la partie entière, s'il y en a une, ensuite la partie décimale, que l'on fait suivre du nom de la dernière décimale, en ayant soin toutefois de rendre pair le nombre des chiffres décimaux. Ainsi, le nombre 4 m. car. 728 se lira comme s'il y avait 4 m. car. 7280 ou quatre mètres carrés sept mille deux cent quatre-vingts centimètres carrés.

Exercices oraux ou écrits.

Lire les nombres suivants :

825. 736 m. c.; 418 m. c.; 509 m. c.; 1750 m. c.

826. 7 m. c. 24; 8 m. c. 75; 42 m. c. 48.; 60 m. c.

827. 16 m. c. 05; 17 m. c. 04: 89 m. c. 09.

828. 6 m. c. 3215; 79 m. c. 0287; 15 m. c. 0066.

829. 41 m. c. 9030; 7 m. c. 1906; 75 m. c. 018.

830. 7305 m. c. 675; 219 m. c. 9; 81 m. c. 193.

831. 2 m. c. 603750; 18 m. c. 637021; 68 m. c. 40312; 5375 m. c. 7; 84 m. c. 06; 9 m. c. 005.

832. 41 m. c. 07314; 0 m. c. 93; 0 m. c. 2619; 0 m. c. 726405; 0 m. c.; 7; 0 m. c. 08; 0 m. c. 009.

CHANGEMENT D'UNITÉ DANS LES NOMBRES EXPRIMANT DES SURFACES.

184. Pour changer d'unité dans les nombres écrits en chiffres et exprimant des surfaces, il suffit, quand le nombre est entier, de mettre une virgule à la droite de l'ordre qui doit représenter l'unité. Soit le nombre entier 52737 m. car.; en prenant l'hectomètre carré pour unité, on aura 5 hectom. car. 2737.

Lorsque le nombre est décimal, on transporte la virgule à la droite de l'ordre qui doit représenter l'unité. Soit le nombre 415 m. car. 719; en prenant pour unité le décimètre carré, on aura : 41571 décim. car. 9.

Dans l'un et dans l'autre cas, s'il n'y a pas assez de chiffres décimaux, on ajoute des zéros sur la gauche ou sur la droite.

MESURE DES SURFACES LES PLUS ÉLÉMENTAIRES.

185. La *surface du carré* s'obtient en multipliant le côté par lui-même. Ainsi, un carré de 6 mètres de côté aura $6 \times 6 = 36$ mètres carrés de surface.

186. La *surface du rectangle* s'obtient en multipliant sa longueur par sa largeur. Ainsi, un rectangle de 12 mètres de long sur 4 mètres de large, aura pour surface $12 \times 4 = 48$ mètres carrés.

187. La *surface du parallélogramme* s'obtient en multipliant sa longueur par sa hauteur. Ainsi, un parallélogramme de 14 mètres de base et de 5 mètres de hauteur aura pour surface $14 \times 5 = 70$ mètres carrés.

188. La *surface du triangle* s'obtient en faisant le produit de sa base par la moitié de sa hauteur. Ainsi, un triangle de 28 mètres 40 de base et de 12 mètres de hauteur aura pour surface

$$28,40 \times \frac{12}{2} = 170 \text{ mètres carrés } 40.$$

189. La *surface du trapèze* est égale au produit de la demi-somme de ses deux bases par sa hauteur. Ainsi, un trapèze dont les bases ont, l'une 12 mètres, l'autre 6 mètres, et dont la hauteur est de 7 mètres, aura pour surface $\dfrac{12 + 6}{2} \times 7 = 63$ mètres carrés.

190. La *surface du cercle* est égale au carré de son rayon multiplié par le nombre 3,1416. Ainsi, un cercle de 2 mètres de rayon aura pour surface $2 \times 2 \times 3,1416 = 12$ mètres carrés 5664.

MESURES AGRAIRES.

191. Les mesures *agraires* sont celles qui servent à évaluer la surface des champs.

192. L'unité des mesures agraires est le *décamètre carré*, qui porte alors le nom d'*are*.

193. L'are n'a qu'un multiple, l'*hectare* ou hectomètre carré, qui vaut 100 ares.

194. L'are n'a également qu'un sous-multiple, le *centiare* ou mètre carré, qui vaut la centième partie du décamètre carré.

LECTURE DES NOMBRES EXPRIMANT DES MESURES AGRAIRES.

195. Les nombres exprimant des mesures agraires se lisent comme les nombres exprimant des mesures de surface proprement dites ; seulement, les mots mètre carré, décamètre carré, hectomètre carré, sont remplacés par les mots centiare, are, hectare, etc. Ex. : Le nombre 147850 m. car. se lira, en prenant l'are pour unité : mille quatre cent soixante dix-huit ares cinquante centiares.

Exercices oraux ou écrits.

Lire les nombres suivants en prenant successivement l'are et l'hectare pour unité :

833. 4379 m. c.; 6035 m. c.; 423840 m. c.
834. 540 m. c. 79; 8467 m. c. 51; 16679 m. c. 05.
835. 183 m. c. 7; 273943 m. c. 841; 6273 m. c.
836. 229435 m. c. 08; 403051 m. c.; 146007 m. c.

ÉCRITURE DES NOMBRES EXPRIMANT DES MESURES AGRAIRES.

196. Les nombres exprimant des mesures agraires s'écrivent comme s'ils exprimaient des mesures de surface proprement dites ; seulement, il faut se rappeler que les hectares sont les hectomètres carrés, les ares les décamètres carrés, les centiares les mètres carrés. Ex. : Le nombre quatre hectares soixante-deux ares huit centiares, s'écrira : 4^{ha} 62^a 08.

Problèmes.

837. Une personne possède un champ de 1 hectare 45 ares 25 centiares auquel elle ajoute un autre

champ de 72 ares 03 cent.; quelle est l'étendue des deux champs réunis ?

838.   MÉMOIRE DE PEINTURE.

Travaux de peinture exécutés chez M. Henri, rentier, rue du Palais-de-Justice, à Troyes, par Louis Brulé, peintre.

CUISINE.	SURFACE.	PRIX.
à 1 fr. le mètre. { Développement des murailles, 15m.8 × 2m.30 =		
A déduire 8 verres, 0m.50 × 0m.40 =		
A déduire 8 portes, 2m.10 × 1m.60 =		
Plafond, 3m. 40 × 3m. =		
à 0f.50 { Porte de la cuisine, 2m. 20 × 1m. 60 =		
Porte d'intérieur, 1m.95 × 0m.75 =		

VESTIBULE.		
à 1 f.20 le mètre. { Lambris, 12m.75 × 1m.40 =		
2m.50 × 2m.40 =		
1m.55 × 3m.25 =		
A déduire, 1m.20 × 2m.25 =		
Lambris granité, 9m.80 × 0m.70 =		
TOTAL à payer............		

(Transcrire ce mémoire et faire les opérations.)

839. D'un champ de 3 hect. 40 ares 39 cent., on enlève une portion de 75 ares 47 cent.; quelle est l'étendue de la portion qui reste?

840. Un champ de 7 hect. 15 cent. a été vendu 43 fr. 50 l'are; quelle en est la valeur totale?

841. On achète une propriété de 55 ares 09 cent. pour 1760 fr.; à combien revient l'are?

842. On achète, à raison de 14 fr. 50 l'are, un champ triangulaire, mesurant 35 m. 40 de base et 28 m. 60 de hauteur; combien coûte ce champ?

843. On emploie 7 kilog. environ de graine de colza par hectare; combien en emploiera-t-on pour ensemencer 75 ares 85 de terrain?

844. Dans l'ensemencement en lignes, on emploie 2 kilog. 500 de graine d'œillette par hectare; dans l'ensemencement à la volée, on en emploie 3 kilog. 200; quelle économie de semence procurera le premier système pour un champ de 1 hect. 40 ares?

845. Pour ensemencer un champ, on a employé 4000 kilog. de pommes de terre; quelle est l'étendue de ce champ, sachant que pour ensemencer un are de terrain, il faut 12 kilog. 60 de pommes de terre?

846. Quelle est la surface d'un champ rectangulaire de 150 m. de long sur 48 m. de large, et quelle en est la valeur, si on peut le vendre 23 fr. 50 l'are?

QUESTIONNAIRE.

170. Quelle est l'unité de surface? — **171.** Qu'est-ce qu'un carré? — **172.** Quels sont les multiples du mètre carré? — **173.** Quels sont les sous-multiples du mètre carré? — **174.** Y a-t-il des mesures effectives de surface? Comment obtient-on la surface d'un corps? — **175.** Comment obtient-on la surface d'un carré? — **176-177.** Dans quel rapport sont entre eux les multiples et les sous-multiples du mètre carré? — **178.** Construisez une figure faisant voir que le mètre carré vaut 100 décimètres carrés. — **179.** Quelle différence y a-t-il entre le décimètre carré et le dixième de mètre carré? — **180.** Qu'y a-t-il à considérer pour écrire des nombres exprimant des surfaces? — **181.** Comment écrit-on ces nombres. — **182.** Construisez un tableau indiquant la place des différents ordres d'unités carrées? — **183.** Comment lit-on les nombres exprimant des surfaces? —

184. Comment fait-on pour changer d'unité dans ces nombres? — 185. Comment obtient-on la surface d'un carré? — 186. D'un rectangle? — 187. D'un parallélogramme? — 188. D'un triangle? — 189. Du trapèze? — 190. Du cercle? — 191. Qu'appelle-t-on mesures agraires? — 192. Quelle est l'unité des mesures agraires? — 193-194. Quels sont les multiples et les sous-multiples de l'are? — 195. Comment lit-on les nombres exprimant des mesures agraires? — 196. Comment les écrit-on?

§ VII. — Volumes.

197. L'unité de volume est le *mètre cube*; c'est un cube d'un mètre de côté.

198. On appelle *cube* un solide compris sous six carrés égaux qui en sont les faces.

199. Les multiples du mètre cube sont :

Le *décamètre cube* qui a   10 mèt. de côté.
L' *hectomètre cube*   —   100   —
Le *kilomètre cube*   —   1000   —
Le *myriamètre cube*   —   10000   —

Les sous-multiples du mètre cube sont :

Le *décimètre cube* qui a 1 décimètre de côté.
Le *centimètre cube*   —   1 centimètre   —
Le *millimètre cube*   —   1 millimètre   —

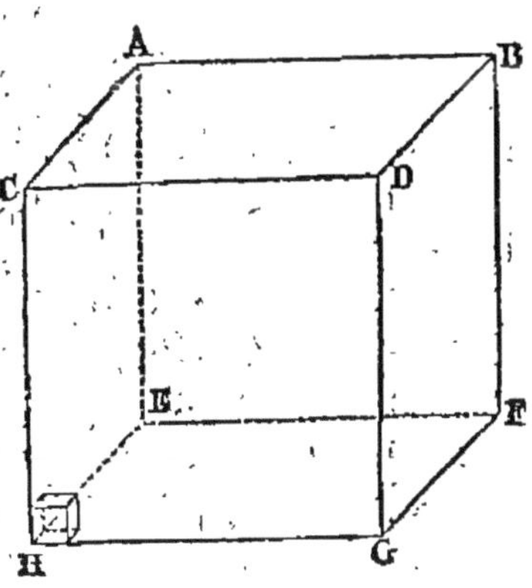

200. Il n'y a pas de mesures effectives de volume : le volume d'un corps s'obtient par le calcul.

201. Pour obtenir le volume d'un cube, on fait le cube de son côté, c'est-à-dire le produit de trois facteurs égaux à ce côté. Ex. : Un cube de 6 mètres de côté aura pour volume $6 \times 6 \times 6 = 216$ mètres cubes. — Par conséquent :

Le *décamètre cube* vaut   1000 m. cub.
L' *hectomètre cube* —   1000000 —
Le *kilomètre cube* —   1000000000 —
Le *myriamètre cube* —   1000000000000 —

202. On voit que les multiples décimaux du mètre cube sont entre eux dans le rapport de 1 à 1000. Les sous-multiples sont entre eux dans le même rapport.

ÉCRITURE DES NOMBRES EXPRIMANT DES VOLUMES.

203. Chaque multiple et chaque sous-multiple décimal du mètre cube contenant des unités, des dizaines et des centaines, il faut trois chiffres pour écrire chacun d'eux; d'où résulte cette règle :

Lorsqu'un nombre représentant des mesures de volume est exprimé en mètres cubes et qu'il ne contient pas de décimales, on l'écrit comme un nombre entier. Ex.. Le nombre quatre cent trente-sept mille deux cent cinquante-neuf mètres cubes s'écrira : 437259 m. cub.

Lorsqu'il est exprimé en mètres cubes et qu'il contient des décimales, on écrit d'abord la partie entière, ensuite la partie décimale, en se rappelant qu'il faut trois chiffres pour représenter chaque multiple et chaque sous-multiple décimal. On met des zéros pour remplacer les rangs qui manquent. Ex. : Le nombre sept mètres cubes quatre mille cinq cent quarante-six centimètres cubes s'écrira : 7 m. cub. 004546.

204. TABLEAU FAISANT VOIR LA PLACE QUE
DOIVENT OCCUPER LES DIFFÉRENTS ORDRES D'UNITÉS.

Kilomètres cubes.			Hectomètres cubes.			Décamètres cubes.			Mètres cubes.			Décimètres cubes.			Centimètres cubes.			Millimètres cubes.		
12	11	10	9	8	7	6	5	4	3	2	1	1	2	3	4	5	6	7	8	9
C	D	U	C	D	U	C	D	U	C	D	U	C	D	U	C	D	U	C	D	U

Ecrire en chiffres les nombres suivants :

847. Trente-huit mètres cubes ; quarante-neuf mètres cubes ; cent sept mètres cubes ; cinq cent deux mètres cubes.

848. Quatre cent cinquante-huit mètres cubes ; deux cent cinquante-neuf mètres cubes ; trois mille six cent cinquante-sept mètres cubes.

849. Neuf mille quatre cent dix mètres cubes ; huit mille quinze mètres cubes ; six mille sept mètres cubes ; quatre cents mètres cubes.

850. Seize mille cent soixante-dix-neuf mètres cubes ; quatorze mille neuf cent cinq mètres cubes ; quarante mètres cubes.

851. Six mètres cubes quatre cent vingt-trois décimètres cubes ; treize mètres cubes neuf cent cinq décimètres cubes ; vingt mètres cubes quarante-neuf décimètres cubes.

852. Huit mètres cubes trente-cinq décimètres cubes ; neuf cents mètres cubes quatorze décimètres cubes ; sept mètres cubes huit décimètres cubes.

853. Sept cent trente-six décimètres cubes ; neuf

cent vingt décimètres cubes; soixante-trois décimètres cubes ; sept décimètres cubes.

854. Vingt-huit mètres cubes huit cent cinquante-quatre mille deux cent quatre-vingt-six centimètres cubes ; neuf mètres cubes six mille sept cent quarante-huit centimètres cubes.

855. Cinq mille deux cent quatre centimètres cubes ; deux cent soixante-neuf centimètres cubes ; quarante-cinq centimètres cubes ; neuf centimètres cubes ; vingt centimètres cubes.

856. Trois mètres cubes six cent trois millions quatre cent vingt-neuf mille trente-huit millimètres cubes; deux cent seize millimètres cubes; vingt-cinq millimètres cubes.

Ecrire, en prenant le mètre cube pour unité :

857. Quatre décimètres cubes ; dix-huit décimètres cubes ; trois cent neuf décimètres cubes.

858. Neuf hectomètres cubes ; quarante-six hectomètres cubes ; six cent dix neuf hectomètres cubes.

859. Vingt-quatre kilomètres cubes ; douze kilomètres cubes ; trois cent deux kilomètres cubes.

860. Quatre kilomètres cubes ; cinq cent trente-six hectomètres cubes ; cent trois décamètres cubes.

861. Cinq hectomètres cubes vingt-six décamètres cubes soixante-dix-sept mètres cubes.

LECTURE DES NOMBRES EXPRIMANT DES VOLUMES.

205. Il y a deux cas à considérer dans la lecture des nombres exprimant des volumes.

1° Si le nombre ne contient pas de décimales, on le lit comme un nombre entier en le faisant suivre du mot mètre cube. Ex. : Le nombre 6703 m. cub. se lira : six mille sept cent trois mètres cubes.

2° Si le nombre contient des décimales, on lit

d'abord la partie entière, s'il y en a une, ensuite la partie décimale que l'on fait suivre du nom de la dernière décimale, en ayant soin toutefois que chaque ordre contienne les trois chiffres dont il doit être composé. Ex..: Le nombre 6 m. cub. 72345 se lira comme s'il y avait 6 m. cub. 723450, ou six mètres cubes sept cent vingt-trois mille quatre cent cinquante centimètres cubes.

Lire les nombres suivants :

862. 1304 m. cub.; 21945 m. cub.; 76100 m. cub.

863. 63 m. cub. 418 ; 92 m. cub. 273; 14 m. cub. 246 ; 25 m. cub. 4739 ; 68 m. cub. 63.

864. 0 m. cub. 649 ; 0 m. cub. 745 ; 0 m. cub. 050; 0 m. cub. 4 ; 0 m. cub, 05; 0 m. cub. 008.

865. 14534 m. cub.; 29758 m. cub. ; 6 m. cub. 25.

866. 68 m. cub. 437219 ; 8 m. cub. 347265 ; 0 m. cub. 457359 ; 0 m. cub. 27391.

CHANGEMENT D'UNITÉ DANS LES NOMBRES EXPRIMANT DES VOLUMES.

266. Pour changer d'unité dans les nombres écrits en chiffres et exprimant des volumes, il suffit, quand le nombre est entier, de mettre une virgule à la droite de l'ordre qui doit représenter l'unité. Soit le nombre 76438 m. cub.; en prenant le décamètre cube pour unité, on aura : 76 décam. cub. 438.

Si le nombre est décimal, on transporte la virgule à droite de l'ordre qui doit représenter l'unité. Soit le nombre 3457036 m. cub. 259 ; si l'on prend le décamètre cube pour unité, on aura : 3457 décam. cub. 036259.

Dans l'un et dans l'autre cas, s'il n'y a pas assez

de chiffres, on ajoute des zéros sur la droite ou sur la gauche du nombre.

MESURE DES VOLUMES LES PLUS ÉLÉMENTAIRES.

207. Pour le *volume du cube*, voir n° 201.

208. On obtient le *volume du parallélipipède rectangulaire* en faisant le produit de ses trois dimensións. Soit un parallélipipède dont les dimensions sont : longueur, 4 m. 70 ; hauteur, 0 m. 37; largeur, 0 m. 48 ; son volume sera : $4{,}70 \times 0{,}37 \times 0{,}48 = 0$ m. cub. 834720 centim. cubes.

209. Le *volume de la pyramide* est égal au produit de sa base par le tiers de la hauteur.

210. Le *volume du cylindre* est égal au produit de la surface du cercle de la base par la hauteur.

211. Pour obtenir le *volume de la sphère*, on multiplie le cube du rayon par 4 et le produit obtenu par 1,0472.

212. *Volume d'un tonneau*. On considère le tonneau comme un cylindre ayant pour base la moyenne arithmétique entre les trois cercles suivants : 1° Le cercle intérieur à la bonde ; 2° le cercle de l'un des fonds; 3° le cercle de l'autre fond, et pour hauteur la longueur intérieure du tonneau.

MESURE DU BOIS DE CHAUFFAGE ET DE CHARPENTE.

213. L'unité de volume pour les bois de chauffage est le mètre cube qui porte alors le nom de *stère*. Il a un multiple, le *décastère* qui vaut dix stères, et un sous-multiple, le *décistère*, qui est la dixième partie du stère.

214. Les mesures effectives pour les bois de chauffage sont : le *stère*, le *double-stère*, le *demi-décastère*.

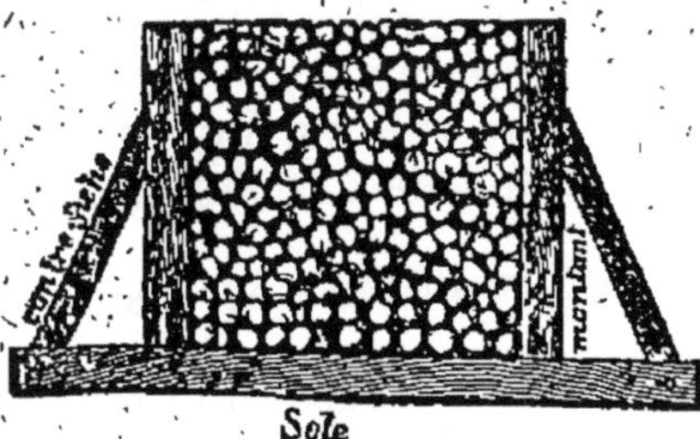

Ce sont des châssis en bois, composés d'une pièce appelée *sole*, et de deux montants maintenus au moyen de contre-fiches.

215. L'unité de mesure des bois de charpente est le *décistère*, qui vaut la dixième partie du stère.

Dans les nombres écrits en chiffres et exprimant des volumes, les décistères se trouvent au premier rang à la droite de la virgule. Ainsi, le nombre 4 mètres cubes 752 vaut 47 décistères 52 centièmes.

Problèmes.

867. Un tas de pierres de 7 mètres cubes 50 est vendu à raison de 15 fr. le mètre cube; combien est-il vendu ?

868. Un marchand de bois a acheté 48 décistères de bois à 4 fr. 75 l'un; que doit-il payer ?

869. Quel est le volume d'un cube de 6 m. 68 de côté ?

870. Quel est le volume d'un morceau de bois équarri mesurant 5 m. 78 de long et 0 m. 32 d'équarrissage ?

871. Qu'a coûté la maçonnerie d'un mur en moellons, si elle a été payée à raison de 18 fr. 50 c. le mètre cube, sachant que ce mur a 13 m. 65 de longueur, 2 m. 12 de hauteur, et 0 m. 35 d'épaisseur ?

872. Trouver la contenance en litres d'une auge rectangulaire ayant 0 m. 35 de profondeur, 0 m. 42 de largeur, et 2 m. 80 de longueur.

873. Quel est, en décistères, le volume d'un morceau de bois payé 52 fr., à raison de 6 fr. 50 le décistère ?

874. A 4 fr. 80 le décistère de bois de chêne, combien le stère ?

875. Trouver le volume des murailles d'une maison rectangulaire ayant 9 m. 40 de longueur extérieure, 5 m. 30 de largeur extérieure, et 0 m. 45 d'épaisseur.

876. Quelle est la valeur d'un tas de bois à 9 fr. 80 le stère, sachant que ce tas a 4 m. 75 de long, 1 m. 80 de haut et 1 m. 32 de large ?

877. Trouver le volume d'une colonne en fonte ayant 0 m. 14 de diamètre et 3 m. 85 de hauteur.

RELATION DES DIVERSES UNITÉS MÉTRIQUES AVEC LE MÈTRE.

216. Le *mètre* est la base du système métrique, c'est-à-dire que toutes les mesures métriques dérivent du mètre.

Le *mètre carré* dérive du mètre en ce que c'est un carré d'un mètre de côté.

Le *mètre cube* dérive du mètre en ce que c'est un cube d'un mètre de côté.

Le *gramme* dérive du mètre en ce qu'il est égal au poids de l'eau pure contenue dans un centimètre cube.

Le *litre* dérive du mètre en ce qu'il est égal à la capacité d'un décimètre cube.

Le *franc* dérive du mètre en ce qu'il pèse 5 grammes, et que le gramme dérive du mètre.

217. CONCORDANCE DES DIVERSES UNITÉS MÉTRIQUES QUI PEUVENT ENTRER DANS LES CALCULS.

LONGUEURS	SURFACES.	VOLUMES.	CAPACITÉS.	POIDS.
Mètre.	Mètre carré	Mètre cube.	Kilolitre...	Tonne.
Décimètre.	Décim. car.	Décim. cube	Litre.	Kilogr.
Centimètre	Centim. car.	Cent. cube.	Millilitre.	Gramme.

QUESTIONNAIRE.

197. Quelle est l'unité de volume? — 198. Qu'est-ce qu'un cube? — 199. Quels sont les multiples du mètre cube et quels en sont les sous-multiples? — 200. Comment obtient-on le volume d'un corps? — 201. Comment obtient-on le volume d'un cube? — 202. Dans quel rapport sont entre eux les multiples et les sous-multiples du mètre cube? — 203. Comment écrit on les nombres exprimant des volumes? — 204. Construisez un tableau indiquant la place des différents ordres d'unités cubiques. — 205. Comment lit-on les nombres exprimant des volumes? — 206. Comment fait-on pour changer d'unité dans ces nombres? — 207. Comment obtient-on le volume d'un cube? — 208. D'un parallélipipède rectangulaire? — 209. D'une pyramide? — 210. D'un cylindre? — 211. D'une sphère. — 212. D'un tonneau? — 213. Quelle est l'unité de mesure du bois de chauffage? Citez ses multiples et ses sous-multiples. — 214. Quelles sont les mesures effectives des bois de chauffage? — 215. Quelle est l'unité de mesure du bois de charpente? — 216. Faites connaître la relation qui existe entre les diverses unités métriques. — 217 Indiquez la concordance des diverses unités métriques qui peuvent entrer dans les calculs.

CHAPITRE XIV.

Fractions.

§ 1. — Notions diverses.

218. On appelle *fraction* une ou plusieurs parties égales de l'unité.

A |———|———|———|———|———|———| B

Supposons la ligne A B partagée en sept parties égales et prenons trois de ces parties : nous aurons les trois septièmes de la ligne. Le nombre trois septièmes est une fraction.

219. *Pour écrire les fractions*, on se sert de deux nombres que l'on place l'un au-dessus de l'autre en les séparant par un trait horizontal. Ex. :

la fraction trois septièmes s'écrira : $\dfrac{3}{7}$.

220. Le nombre supérieur **3** s'appelle *numérateur*; il indique combien on prend de parties égales de l'unité.

221. Le nombre inférieur **7** s'appelle *dénominateur*; il indique en combien de parties égales l'unité est divisée.

222. On appelle *expression fractionnaire* une fraction dont le numérateur est plus grand que le dénominateur. Ex. : $\dfrac{9}{5}$, neuf cinquièmes.

223. On appelle *nombre fractionnaire* un

nombre entier accompagné d'une fraction. Ex. :

$4\dfrac{3}{5}$, quatre unités trois cinquièmes.

Écrire :

878. Quatre cinquièmes; trois septièmes; huit neuvièmes; quatre seizièmes.

879. Six onzièmes; onze treizièmes; six septièmes; quatre neuvièmes.

880. Deux septièmes; quatre quinzièmes; six treizièmes; neuf dix-septièmes.

881. Sept cinquièmes; huit septièmes; neuf dixièmes; douze huitièmes.

882. Trois unités deux cinquièmes; quatre unités sept onzièmes; cinq unités trois treizièmes.

224. *Pour lire une fraction ou une expression fractionnaire,* on lit d'abord le numérateur, ensuite le dénominateur, que l'on fait suivre de la terminaison *ièmes.* Ex. : la fraction $\dfrac{4}{7}$ se lira : quatre septièmes.

Quand le dénominateur est 2, 3, 4, on lit : demi ou demie, tiers, quart. Ex. : $\dfrac{1}{2}$, un demi ou une demie; $\dfrac{2}{3}$, deux tiers; $\dfrac{3}{4}$, trois quarts.

225. *Pour lire un nombre fractionnaire,* on lit d'abord le nombre entier, puis la fraction. Ex. : $7\dfrac{3}{5}$ se lira : sept unités trois cinquièmes.

Lire :

883. $\dfrac{3}{8}$; $\dfrac{5}{9}$; $\dfrac{7}{9}$; $\dfrac{6}{7}$; $\dfrac{8}{11}$; $\dfrac{2}{9}$; $\dfrac{3}{13}$.

884. $\dfrac{5}{7}$; $\dfrac{6}{11}$; $\dfrac{7}{12}$; $\dfrac{3}{4}$; $\dfrac{2}{3}$; $\dfrac{1}{3}$; $\dfrac{1}{9}$.

885. $\dfrac{7}{8}$; $\dfrac{8}{5}$; $\dfrac{9}{4}$; $\dfrac{6}{5}$; $\dfrac{4}{3}$; $\dfrac{3}{18}$; $\dfrac{7}{19}$.

886. $6\dfrac{2}{5}$; $7\dfrac{3}{11}$; $15\dfrac{2}{7}$; $6\dfrac{7}{19}$; $7\dfrac{8}{41}$.

226. *Pour extraire les entiers contenus dans une expression fractionnaire*, on divise son numérateur par son dénominateur. Ainsi, l'expression fractionnaire $\dfrac{15}{5} = 15 : 5 = 3$.

Quand la division donne un reste, on complète le quotient en y ajoutant une fraction ayant pour numéateur le reste de la division et pour dénominateur le diviseur. Ainsi, l'expression fractionnaire $\dfrac{17}{5} =$ le nombre fractionnaire $3\dfrac{2}{5}$.

Extraire les entiers contenus dans :

887. $\dfrac{21}{7}$; $\dfrac{18}{6}$; $\dfrac{24}{8}$; $\dfrac{27}{9}$; $\dfrac{16}{4}$; $\dfrac{18}{3}$; $\dfrac{21}{7}$.

888. $\dfrac{54}{9}$; $\dfrac{18}{3}$; $\dfrac{300}{25}$; $\dfrac{64}{8}$; $\dfrac{32}{4}$; $\dfrac{35}{7}$; $\dfrac{42}{8}$.

889. $\dfrac{23}{7}$; $\dfrac{19}{6}$; $\dfrac{48}{9}$; $\dfrac{51}{8}$; $\dfrac{415}{17}$; $\dfrac{748}{23}$; $\dfrac{69}{15}$.

227. *Pour convertir un nombre entier en fraction*, on le multiplie par le dénominateur de la fraction et l'on donne au produit pour dénominateur le dénominateur de la fraction.

Soit le nombre 7 à convertir en cinquièmes; on

aura : $\dfrac{7\times5}{5}=\dfrac{35}{5}$. En effet, l'unité valant $\dfrac{5}{5}$, 7 unités

vaudront 7 fois $\dfrac{5}{5}$ ou $\dfrac{7\times5}{5}$.

890. Convertir en sixièmes, 3, 9, 18, 17, 24, 8.

891. — en cinquièmes, 8, 6, 2, 7, 3, 9, 46.

228. *Pour convertir un nombre fractionnaire en expression fractionnaire*, on multiplie l'entier par le dénominateur de la fraction, on ajoute au produit le numérateur de la fraction, et l'on donne à la somme pour dénominateur le dénominateur de la fraction. Ex.: $6\dfrac{3}{4}=\dfrac{4\times6}{4}+\dfrac{3}{4}=\dfrac{24+3}{4}=\dfrac{27}{4}$.

Convertir en expressions fractionnaires :

892. $5\dfrac{2}{7}$; $8\dfrac{3}{4}$; $9\dfrac{2}{7}$; $8\dfrac{3}{11}$; $15\dfrac{2}{9}$.

893. $8\dfrac{3}{5}$; $9\dfrac{2}{13}$; $4\dfrac{6}{7}$; $12\dfrac{3}{19}$; $15\dfrac{17}{48}$.

229. *Pour rendre une fraction 2, 3, 4, etc. fois plus grande*, il faut multiplier son numérateur par 2, 3, 4, etc. ou, lorsque cela est possible, diviser son dénominateur par 2, 3, 4, etc. Ainsi, la fraction $\dfrac{4}{9}$ devient trois fois plus grande, si l'on multiplie son numérateur par 3, ce qui donne $\dfrac{12}{9}$, ou si l'on divise son dénominateur par 3, ce qui donne $\dfrac{4}{3}$.

Rendre les fractions suivantes :

894. $\dfrac{3}{7}$; $\dfrac{5}{6}$; $\dfrac{8}{13}$; $\dfrac{5}{12}$; $\dfrac{6}{11}$. 4 fois plus grandes.

895. $\dfrac{2}{15}$; $\dfrac{3}{20}$; $\dfrac{6}{25}$; $\dfrac{8}{35}$; $\dfrac{7}{50}$. 5 fois plus grandes.

896. $\dfrac{2}{7}$; $\dfrac{8}{11}$; $\dfrac{4}{13}$; $\dfrac{5}{11}$; $\dfrac{5}{24}$. 6 fois plus grandes.

230. *Pour rendre une fraction* 2, 3, 4, *etc. fois plus petite*, il faut multiplier son dénominateur par 2, 3, 4, etc. ou, si cela est possible, diviser son numérateur par 2, 3, 4, etc. Ainsi la fraction $\dfrac{6}{7}$ devient trois fois plus petite, si l'on multiplie son dénominateur par 3, ce qui donne $\dfrac{6}{21}$, ou si l'on divise son numérateur par 3, ce qui donne $\dfrac{2}{7}$.

Rendre les fractions suivantes :

897. $\dfrac{3}{5}$; $\dfrac{6}{10}$; $\dfrac{7}{9}$; $\dfrac{3}{8}$; $\dfrac{7}{11}$. 4 fois plus petites.

898. $\dfrac{2}{7}$; $\dfrac{4}{15}$; $\dfrac{11}{20}$; $\dfrac{3}{8}$; $\dfrac{5}{6}$. 5 fois plus petites.

899. $\dfrac{4}{6}$; $\dfrac{7}{11}$; $\dfrac{3}{12}$; $\dfrac{5}{14}$; $\dfrac{8}{19}$. 7 fois plus petites.

231. La valeur d'une fraction ne change pas quand on multiplie ou qu'on divise ses deux termes par **un** même nombre. Par exemple, si l'on divise par **2** les deux termes de la fraction $\dfrac{4}{6}$, on obtient

$\frac{2}{3}$, fraction égale à $\frac{4}{6}$. Car, en divisant le numéra-teur par 2, on a rendu la fraction deux fois plus petite; mais en divisant le dénominateur par 2, on l'a rendue deux fois plus grande; la fraction n'a donc pas changé de valeur.

232. *Simplifier une fraction,* c'est amener cette fraction à être exprimée en termes moins grands, tout en conservant sa valeur. Ainsi, la fraction $\frac{6}{12}$, dont on divise les deux termes par 3, devient $\frac{2}{4}$.

Si l'on divisait encore les deux termes de $\frac{2}{4}$ par 2, on obtiendrait $\frac{1}{2}$; on dirait alors que la frac-tion $\frac{6}{12}$ est *réduite à sa plus simple expression.*

233. Donc, *pour simplifier une fraction,* il faut diviser en même temps ses deux termes par le même nombre, et *pour réduire une fraction à sa plus simple expression,* il faut diviser ses deux termes par le même nombre autant de fois que cela se peut.

Réduire à leur plus simple expression :

900. $\frac{4}{8}$; $\frac{6}{12}$; $\frac{7}{14}$; $\frac{5}{15}$; $\frac{3}{15}$; $\frac{4}{20}$; $\frac{3}{9}$; $\frac{4}{18}$; $\frac{5}{20}$.

901. $\frac{6}{8}$; $\frac{8}{12}$; $\frac{4}{16}$; $\frac{6}{16}$; $\frac{9}{18}$; $\frac{3}{21}$; $\frac{7}{21}$; $\frac{21}{42}$.

902. $\dfrac{6}{30}$; $\dfrac{60}{80}$; $\dfrac{36}{45}$; $\dfrac{27}{39}$; $\dfrac{17}{34}$; $\dfrac{24}{32}$; $\dfrac{16}{60}$; $\dfrac{12}{144}$.

903. $\dfrac{115}{225}$; $\dfrac{418}{4352}$; $\dfrac{544}{952}$; $\dfrac{4105}{7300}$; $\dfrac{537}{48}$; $\dfrac{48}{1503}$.

234. *Réduire des fractions au même dénominateur*, c'est les amener à avoir les mêmes dénominateurs sans qu'elles changent de valeur.

Soit à réduire au même dénominateur :

1° Les fractions $\dfrac{3}{5}$ et $\dfrac{6}{7}$; on multiplie les deux termes de chaque fraction par le dénominateur de l'autre, ce qui donne : $\dfrac{3\times 7}{5\times 7}=\dfrac{21}{35}$ pour la première,

et $\dfrac{6\times 5}{7\times 5}=\dfrac{30}{35}$ pour la seconde.

2° Les fractions $\dfrac{2}{9}$, $\dfrac{3}{5}$, $\dfrac{5}{6}$; on multiplie les deux termes de chaque fraction par le produit effectué des dénominateurs des autres, ce qui donne : $\dfrac{2\times 5\times 6}{9\times 5\times 6}=\dfrac{60}{270}$ pour la première; $\dfrac{3\times 9\times 6}{5\times 9\times 6}=\dfrac{162}{270}$ pour la deuxième, et $\dfrac{5\times 9\times 5}{6\times 9\times 5}=\dfrac{225}{270}$ pour la troisième.

Remarque. — Lorsque les fractions que l'on doit réduire au même dénominateur sont susceptibles d'être simplifiées, il ne faut pas omettre de les simplifier auparavant.

Réduire au même dénominateur :

904. $\dfrac{3}{5}\ \dfrac{6}{7}$; $\dfrac{2}{9}\ \dfrac{3}{4}$; $\dfrac{4}{5}\ \dfrac{6}{8}$; $\dfrac{2}{11}\ \dfrac{3}{13}$; $\dfrac{4}{9}\ \dfrac{3}{7}\ \dfrac{5}{6}$.

905. $\dfrac{4}{5}\ \dfrac{7}{9}$; $\dfrac{2}{7}\ \dfrac{3}{5}$; $\dfrac{4}{11}\ \dfrac{6}{13}$; $\dfrac{12}{18}\ \dfrac{4}{48}$; $\dfrac{5}{6}\ \dfrac{2}{7}$.

906. $\dfrac{3}{9}\ \dfrac{2}{3}\ \dfrac{4}{7}$; $\dfrac{6}{7}\ \dfrac{5}{9}\ \dfrac{6}{11}$; $\dfrac{3}{13}\ \dfrac{4}{5}\ \dfrac{6}{19}$; $\dfrac{3}{72}\ \dfrac{5}{8}$.

907. $\dfrac{5}{17}\ \dfrac{6}{8}\ \dfrac{4}{13}\ \dfrac{7}{9}$; $\dfrac{4}{12}\ \dfrac{3}{12}\ \dfrac{5}{11}$; $\dfrac{6}{42}\ \dfrac{7}{21}\ \dfrac{8}{24}\ \dfrac{6}{36}$.

§ II. Addition des fractions.

235. Il y a deux cas à observer dans l'addition des fractions : 1° les fractions ont le même dénominateur ; 2° les fractions n'ont pas le même dénominateur.

236. *Premier cas. Règle.* — Quand les fractions ont le même dénominateur, on fait la somme des numérateurs et on lui donne pour dénominateur le dénominateur commun. Ex. :

$$\frac{3}{7}+\frac{5}{7}+\frac{6}{7}=\frac{3+5+6}{7}=\frac{14}{7}=2.$$

Effectuer les additions suivantes :

908. $\dfrac{5}{6}+\dfrac{2}{6}$; $\dfrac{3}{8}+\dfrac{2}{8}$; $\dfrac{6}{9}+\dfrac{5}{9}$; $\dfrac{4}{12}+\dfrac{5}{12}+\dfrac{7}{12}+\dfrac{3}{12}$.

909. $\dfrac{2}{11}+\dfrac{3}{11}+\dfrac{8}{11}$; $\dfrac{7}{13}+\dfrac{5}{13}+\dfrac{2}{13}$; $\dfrac{4}{15}+\dfrac{6}{15}+\dfrac{9}{15}$.

910. $\dfrac{6}{18}+\dfrac{7}{18}+\dfrac{9}{18}+\dfrac{5}{18}$; $\dfrac{8}{21}+\dfrac{5}{21}+\dfrac{4}{21}+\dfrac{17}{21}+\dfrac{51}{21}$.

237. *Second cas. Règle.* — Quand les fractions n'ont pas le même dénominateur, on les y réduit, et l'on opère comme dans le premier cas. Ex :

$$\frac{2}{5}+\frac{3}{7}+\frac{1}{3}=\frac{42+45+35}{105}=\frac{122}{105}=\frac{17}{105}$$

Effectuer les additions suivantes :

911. $\dfrac{3}{4}+\dfrac{5}{6}$;　$\dfrac{2}{9}+\dfrac{3}{8}$;　$\dfrac{5}{11}+\dfrac{4}{13}$;　$\dfrac{6}{7}+\dfrac{3}{4}$;　$\dfrac{5}{6}+\dfrac{4}{7}$.

912. $\dfrac{2}{9}+\dfrac{1}{3}+\dfrac{4}{7}$;　$\dfrac{3}{5}+\dfrac{2}{5}+\dfrac{6}{7}$;　$\dfrac{3}{11}+\dfrac{2}{13}+\dfrac{6}{13}$.

913. $\dfrac{1}{25}+\dfrac{2}{37}+\dfrac{3}{11}$;　$\dfrac{4}{5}+\dfrac{6}{7}+\dfrac{2}{5}$;　$\dfrac{8}{9}+\dfrac{7}{8}+\dfrac{4}{5}$.

914. $\dfrac{3}{7}+\dfrac{2}{15}+\dfrac{6}{11}+\dfrac{9}{17}$;　$\dfrac{3}{5}+\dfrac{2}{9}+\dfrac{1}{8}+\dfrac{1}{9}+\dfrac{1}{10}$.

915. $\dfrac{4}{33}+\dfrac{5}{17}+\dfrac{6}{7}+\dfrac{4}{9}$;　$\dfrac{3}{12}+\dfrac{6}{15}+\dfrac{7}{13}+\dfrac{6}{15}+\dfrac{3}{24}$.

ADDITION DES NOMBRES FRACTIONNAIRES.

238. Pour additionner des nombres fractionnaires entre eux, on les convertit d'abord en expressions fractionnaires et l'on opère ensuite comme sur les fractions. Ex. : soit à additionner $3\dfrac{2}{7}$ et $2\dfrac{5}{9}$ on aura : $\dfrac{23}{7}+\dfrac{23}{9}=\dfrac{207+161}{63}=\dfrac{368}{63}=5\dfrac{28}{68}$.

Effectuer les additions suivantes :

916. $3\dfrac{5}{6}+4\dfrac{2}{7}$;　$8\dfrac{2}{3}+5\dfrac{3}{4}$;　$6\dfrac{2}{11}+18\dfrac{3}{5}$.

917. $6\frac{1}{9} + 17\frac{3}{7}$; $8\frac{2}{11} + 17\frac{3}{6}$; $18\frac{2}{5} + 9\frac{1}{3}$.

918. $18\frac{3}{7} + 2\frac{1}{3}$; $17\frac{4}{15} + 2\frac{6}{19}$; $8\frac{1}{7} + 50\frac{2}{9}$.

919. $15\frac{1}{3} + 68\frac{2}{3} + \frac{5}{11}$; $17\frac{3}{7} + 21\frac{5}{6} + 2\frac{1}{415}$.

Problèmes.

920. Eugène a travaillé $\frac{1}{4} + \frac{2}{3}$ de jour dans une ferme; quelle fraction de la journée lui est-il dû ?

921. J'ai enlevé $\frac{1}{4}$, puis les $\frac{2}{9}$ d'un tas de bois ; quelle portion du tas de bois ai-je enlevée ?

922. Un ouvrier, chargé de creuser un fossé, a fait, une première semaine, les $\frac{2}{11}$ de sa tâche; une deuxième semaine, le $\frac{1}{3}$; une troisième semaine, les $\frac{4}{17}$. Quelle portion du fossé a-t-il creusée en tout ?

923. Louis, garçon de ferme, a mis 1 jour $\frac{2}{5}$, plus 3 jours $\frac{1}{4}$, plus 5 jours $\frac{2}{3}$ pour labourer une pièce de terre. Combien a-t-il employé de jours en tout ?

924. Quatre ouvriers ont été employés ensemble à un ouvrage que le premier pouvait faire en 5 jours; le deuxième, en 7 jours; le troisième, en 8 jours; le quatrième, en 10 jours; quelle partie de la tâche a été faite à la fin du premier jour ?

925. Un marchand de vin en a livré dans une journée 5 hectol. $\frac{2}{3}$ à une personne ; 2 hectol. $\frac{1}{7}$ à

une deuxième et 13 hectol. $\dfrac{2}{5}$ à une troisième ;
quel est le total de sa livraison ?

§ III. Soustraction des fractions.

239. Il y a deux cas à observer dans la soustraction des fractions : 1° les fractions ont le même dénominateur ; 2° les fractions n'ont pas le même dénominateur.

240. *Premier cas. Règle.* — Lorsque les fractions ont le même dénominateur, on retranche les numérateurs l'un de l'autre et l'on donne au reste, pour dénominateur, le dénominateur de la fraction. Ex. :

$$\frac{5}{7}-\frac{3}{7}=\frac{5-3}{7}=\frac{2}{7}.$$

Effectuer les soustractions suivantes :

926. $\dfrac{6}{7}-\dfrac{4}{7}$; $\dfrac{5}{9}-\dfrac{4}{9}$; $\dfrac{7}{8}-\dfrac{3}{8}$; $\dfrac{3}{5}-\dfrac{1}{5}$.

927. $\dfrac{14}{15}-\dfrac{6}{15}$; $\dfrac{22}{33}-\dfrac{7}{33}$; $\dfrac{18}{25}-\dfrac{13}{25}$; $\dfrac{6}{19}-\dfrac{4}{19}$.

928. $\dfrac{32}{47}-\dfrac{15}{47}$; $\dfrac{60}{215}-\dfrac{44}{215}$; $\dfrac{59}{300}-\dfrac{17}{300}$; $\dfrac{13}{417}-\dfrac{8}{417}$.

241. *Second cas. Règle.* — Lorsque les fractions n'ont pas le même dénominateur, on les y réduit et l'on opère comme dans le premier cas. Ex. :

$$\frac{5}{9}-\frac{2}{7}=\frac{35-18}{63}=\frac{17}{63}.$$

Effectuer les soustractions suivantes :

929. $\dfrac{4}{7} - \dfrac{2}{9}$; $\dfrac{6}{11} - \dfrac{3}{7}$; $\dfrac{5}{6} - \dfrac{3}{11}$; $\dfrac{12}{13} - \dfrac{4}{9}$.

930. $\dfrac{6}{7} - \dfrac{2}{5}$; $\dfrac{7}{9} - \dfrac{8}{13}$; $\dfrac{14}{18} - \dfrac{3}{5}$; $\dfrac{1}{15} - \dfrac{1}{33}$.

931. $\dfrac{7}{11} - \dfrac{3}{15}$; $\dfrac{6}{19} - \dfrac{2}{21}$; $\dfrac{15}{31} - \dfrac{4}{20}$; $\dfrac{8}{10} - \dfrac{1}{11}$.

932. $\dfrac{5}{6} - \dfrac{18}{43}$; $\dfrac{42}{43} - \dfrac{5}{7}$; $\dfrac{8}{14} - \dfrac{1}{17}$; $\dfrac{4}{5} - \dfrac{6}{33}$.

SOUSTRACTION DES NOMBRES FRACTIONNAIRES.

242. Pour retrancher l'un de l'autre deux nombres fractionnaires, on les convertit d'abord en expressions fractionnaires, puis on opère comme sur les fractions. Ex. :

$$13\frac{5}{9} - 6\frac{2}{7} = \frac{122}{9} - \frac{44}{7} = \frac{854-396}{63} = \frac{458}{63}$$

$$= 7\frac{17}{63}.$$

Effectuer les soustractions suivantes :

933. $6\dfrac{2}{5} - 4\dfrac{3}{9}$; $7\dfrac{2}{11} - 3\dfrac{5}{6}$; $8\dfrac{2}{3} - 4\dfrac{1}{4}$.

934. $4\dfrac{6}{7} - 2\dfrac{1}{12}$; $8\dfrac{3}{11} - 5\dfrac{3}{45}$; $1\dfrac{3}{9} - \dfrac{5}{7}$.

935. $16\dfrac{3}{4} - 5\dfrac{2}{11}$; $12\dfrac{3}{5} - 7\dfrac{1}{8}$; $15\dfrac{8}{9} - 6\dfrac{1}{7}$.

936. $9\dfrac{3}{17} - \dfrac{5}{12}$; $15\dfrac{2}{3} - \dfrac{1}{4}$; $18\dfrac{6}{15} - 14$.

Problèmes.

937. Un ouvrier a fait les $\frac{5}{17}$ d'un ouvrage ; quelle partie lui en reste-t-il à faire ?

938. On a enlevé 4 mètres $\frac{2}{5}$ d'un rouleau de papier de 8 m. de longueur ; que reste-t-il de ce papier ?

939. J'ai dépensé $\frac{1}{5} + \frac{2}{7}$ de l'argent que j'avais ; combien me reste-t-il ?

940. D'un tonneau contenant 5 hectol. $\frac{2}{3}$ on enlève 3 hectol. $\frac{4}{9}$; que reste-t-il dans ce tonneau ?

941. Un marchand a acheté 3 pains de sucre pesant ensemble 22 kilog. $\frac{3}{8}$; le premier pèse 6 kilog. $\frac{3}{4}$; le deuxième, 8 kilog. $\frac{1}{5}$; quel est le poids du troisième ?

§ IV. Multiplication des fractions.

243. Il y a trois cas à observer dans la multiplication des fractions :

1° Multiplication d'un nombre entier par une fraction et réciproquement.

2° Multiplication de deux ou plusieurs fractions entre elles.

3° Multiplication des nombres fractionnaires.

244. *Premier cas. Règle.* — Pour multiplier un nombre entier par une fraction ou une fraction par un nombre entier, on multiplie le nombre entier par le numérateur de la fraction, et l'on donne au produit le dénominateur de la fraction. Ex. :

$$1° \quad \frac{3}{15} \times 4 = \frac{3 \times 4}{15} = \frac{12}{15}.$$

$$2° \quad 5 \times \frac{2}{7} = \frac{5 \times 2}{7} = \frac{10}{7}.$$

Effectuer les multiplications suivantes :

942. $6 \times \dfrac{3}{4}$; $5 \times \dfrac{7}{8}$; $7 \times \dfrac{2}{3}$; $5 \times \dfrac{3}{7}$; $8 \times \dfrac{5}{9}$.

943. $\dfrac{8}{9} \times 4$; $\dfrac{9}{13} \times 5$; $\dfrac{3}{11} \times 18$; $\dfrac{5}{12} \times 20$.

944. $\dfrac{3}{42} \times 55$; $\dfrac{8}{9} \times 60$; $4 \times \dfrac{5}{213}$; $6 \times \dfrac{281}{315}$.

945. $\dfrac{15}{27} \times 32$; $73 \times \dfrac{5}{18}$; $16 \times \dfrac{1}{45}$; $\dfrac{85}{197} \times 370$.

245. *Deuxième cas. Règle.* — Pour multiplier deux ou plusieurs fractions entre elles, on multiplie les numérateurs entre eux et les dénominateurs entre eux. Ex. :

$$1° \quad \frac{3}{7} \times \frac{4}{5} = \frac{3 \times 4}{7 \times 5} = \frac{12}{35}.$$

$$2° \quad \frac{3}{8} \times \frac{4}{7} \times \frac{5}{9} = \frac{3 \times 4 \times 5}{8 \times 7 \times 9} = \frac{60}{504}.$$

Effectuer les multiplications suivantes :

946. $\dfrac{4}{6} \times \dfrac{2}{3}$; $\dfrac{4}{5} \times \dfrac{9}{13}$; $\dfrac{5}{7} \times \dfrac{8}{9}$; $\dfrac{3}{4} \times \dfrac{1}{2} \times \dfrac{2}{3}$.

947. $\dfrac{6}{7} \times \dfrac{3}{8} \times \dfrac{2}{9}$; $\dfrac{5}{9} \times \dfrac{3}{5} \times \dfrac{8}{7}$; $\dfrac{6}{11} \times \dfrac{3}{4} \times \dfrac{2}{5}$.

948. $\dfrac{3}{15}\times\dfrac{2}{7}\times\dfrac{8}{13}$; $\dfrac{4}{15}\times\dfrac{5}{12}\times\dfrac{13}{22}$; $\dfrac{16}{21}\times\dfrac{13}{31}\times\dfrac{14}{51}$.

949. $\dfrac{60}{300}\times\dfrac{8}{42}$; $\dfrac{72}{415}\times\dfrac{26}{57}$; $\dfrac{31}{51}\times\dfrac{6}{47}\times\dfrac{9}{25}\times\dfrac{13}{17}$.

246. *Troisième cas. Règle.* — Lorsqu'il se trouve des nombres fractionnaires parmi les facteurs, on les convertit en expressions fractionnaires et l'on opère comme sur les fractions. Ex. :

$$5\dfrac{2}{7}\times 8\dfrac{2}{3}=\dfrac{37}{7}\times\dfrac{26}{3}=\dfrac{37\times 26}{7\times 3}=\dfrac{962}{21}=45\dfrac{17}{21}.$$

Effectuer les multiplications suivantes :

950. $9\dfrac{2}{5}\times 4\dfrac{5}{6}$; $5\dfrac{3}{7}\times 6\dfrac{3}{8}$; $17\dfrac{1}{2}\times 8\dfrac{4}{5}$; $5\dfrac{1}{9}\times 6\dfrac{2}{7}$.

951. $17\dfrac{3}{9}\times 8\dfrac{5}{6}$; $7\dfrac{2}{13}\times 8\dfrac{4}{13}$; $12\dfrac{2}{3}\times 5\dfrac{4}{9}\times 2\dfrac{3}{4}$.

952. $6\dfrac{4}{23}\times 1\dfrac{2}{3}$; $8\dfrac{3}{5}\times\dfrac{4}{6}\times 5\dfrac{6}{15}$; $8\dfrac{5}{7}\times 4\dfrac{1}{3}\times 3\dfrac{2}{11}$.

FRACTIONS DE FRACTIONS.

247. En multipliant $\dfrac{5}{7}$ par $\dfrac{3}{4}$, on obtient un produit $\dfrac{15}{28}$ qui est les $\dfrac{3}{4}$ de $\dfrac{5}{7}$. Ce produit prend le nom de *fraction de fraction.*

Ce qui fait voir que, pour obtenir des fractions de fractions, il faut multiplier ces fractions entre elles.

953. Prendre les $\dfrac{4}{7}$ des $\dfrac{7}{8}$ de $\dfrac{3}{9}$; les $\dfrac{2}{3}$ des $\dfrac{4}{9}$ de $\dfrac{7}{10}$.

954. Prendre les $\frac{3}{8}$ des $\frac{4}{11}$ de $\frac{8}{24}$; les $\frac{4}{13}$ des $\frac{5}{6}$ de 24.

Problèmes.

955. Un hectolitre de vin coûte 32 fr.; combien coûteront 6 hectol. $\frac{2}{9}$?

956. Une personne a acheté les $\frac{2}{3}$ d'un tas de bois estimé 63 fr.; que doit-elle payer?

957. On a enlevé les $\frac{3}{5}$ d'un tonneau qui contenait 528 litres; combien en a-t-on pris et combien en reste-t-il?

958. Deux personnes achètent en commun un champ de 42 ares 21; la première en prend les $\frac{2}{9}$ et la seconde, le reste; quelle est la part de chacune?

959. Eugène avait 65 fr. dans son porte-monnaie; cédant à de mauvais conseils, il se met au jeu et perd les $\frac{4}{5}$ de cette somme; combien lui reste-t-il?

§ V. Division des fractions.

248. On considère quatre cas dans la division des fractions :

1° Division d'une fraction par un nombre entier.

2° Division d'un nombre entier par une fraction.

3° Division de deux fractions l'une par l'autre.

4° Division des nombres fractionnaires.

249. *Premier cas. Règle.* — Pour diviser une fraction par un nombre entier, on multiplie le dénominateur de la fraction par le nombre entier. Ex. :

$$\frac{7}{9} : 5 = \frac{7}{9 \times 5} = \frac{7}{45}.$$

Effectuer les divisions suivantes :

960. $\dfrac{3}{5} : 8$; $\dfrac{4}{9} : 5$; $\dfrac{7}{9} : 8$; $\dfrac{3}{5} : 7$; $\dfrac{5}{8} : 9$.

961. $\dfrac{5}{6} : 9$; $\dfrac{4}{13} : 8$; $\dfrac{7}{22} : 6$; $\dfrac{14}{15} : 27$.

250. *Deuxième cas. Règle.* — Pour diviser un nombre entier par une fraction, on multiplie le nombre entier par la fraction diviseur renversée. Ex. :

$$6 : \frac{7}{9} = 6 \times \frac{9}{7} = \frac{6 \times 9}{7} = \frac{54}{7} = 7\frac{5}{7}.$$

Effectuer les divisions suivantes :

962. $8 : \dfrac{3}{5}$; $9 : \dfrac{4}{7}$; $5 : \dfrac{3}{5}$; $7 : \dfrac{4}{9}$; $9 : \dfrac{3}{11}$·

963. $15 : \dfrac{3}{4}$; $17 : \dfrac{8}{9}$; $48 : \dfrac{3}{5}$; $64 : \dfrac{7}{13}$; $6 : \dfrac{15}{23}$.

251. *Troisième cas. Règle.* — Pour diviser deux fractions l'une par l'autre, on multiplie la fraction dividende par la fraction diviseur renversée. Ex. :

$$\frac{4}{5} : \frac{7}{9} = \frac{4}{5} \times \frac{9}{7} = \frac{4 \times 9}{5 \times 7} = \frac{36}{35} = 1\frac{1}{35}.$$

Effectuer les divisions suivantes :

964. $\dfrac{3}{8} : \dfrac{7}{15}$; $\dfrac{6}{7} : \dfrac{3}{4}$; $\dfrac{2}{3} : \dfrac{2}{7}$; $\dfrac{1}{2} : \dfrac{8}{9}$; $\dfrac{2}{5} : \dfrac{3}{7}$.

965. $\dfrac{13}{16} : \dfrac{8}{9}$; $\dfrac{6}{11} : \dfrac{7}{15}$; $\dfrac{12}{15} : \dfrac{4}{7}$; $\dfrac{8}{51} : \dfrac{4}{32}$; $\dfrac{6}{47} : \dfrac{5}{29}$.

966. $\dfrac{5}{17} : \dfrac{18}{21}$; $\dfrac{49}{63} : \dfrac{1}{2}$; $\dfrac{81}{145} : \dfrac{8}{17}$; $\dfrac{18}{7} : \dfrac{31}{18}$; $\dfrac{8}{9} : \dfrac{7}{8}$.

252. *Quatrième cas. Règle.* — Quand les nombres sur lesquels on doit opérer sont des nombres fractionnaires, on les convertit en expressions fractionnaires, et l'on opère comme sur les fractions. Ex. :

$$4\,\frac{3}{8} : 5\,\frac{2}{3} = \frac{35}{8} : \frac{17}{3} = \frac{35}{8} \times \frac{3}{17} = \frac{35 \times 3}{8 \times 17} = \frac{105}{136}.$$

Effectuer les divisions suivantes :

967. $5\,\dfrac{2}{7} : 3\,\dfrac{1}{4}$; $6\,\dfrac{4}{7} : 8\,\dfrac{2}{3}$; $17\,\dfrac{3}{5} : 5\,\dfrac{14}{23}$; $6\,\dfrac{43}{6} : \dfrac{163}{11}$.

968. $17\,\dfrac{2}{13} : \dfrac{6}{7}$; $\dfrac{5}{8} : 9\,\dfrac{2}{11}$; $4\,\dfrac{3}{4} : 5\,\dfrac{2}{5}$; $4\,\dfrac{82}{5} : 2\,\dfrac{143}{4}$.

969. $8\,\dfrac{1}{9} : \dfrac{45}{213}$; $19\,\dfrac{3}{5} : \dfrac{3}{4}$; $61\,\dfrac{4}{5} : 9\,\dfrac{1}{8}$; $2\,\dfrac{152}{17} : 58$.

Problèmes.

970. Les $\dfrac{4}{9}$ d'un sac de blé coûtent 22 fr.; combien coûte le sac entier ?

971. Un ouvrier reçoit 3 fr. 25 pour $\dfrac{3}{4}$ d'une journée de travail; que gagne-t-il par jour ?

972. Quand 3 mètres $\dfrac{5}{6}$ de drap coûtent 29 fr. 30, combien coûte 1 mètre ?

973. On a employé les $\frac{2}{7}$ d'une hectol. de graine pour ensemencer 48 ares de terrain; quelle quantité de graine a-t-on employée par are?

974. Un convoi de chemin de fer parcourt 30 kilomètres $\frac{2}{5}$ par heure; combien mettra-t-il de temps pour franchir 273 kilomètres?

975. Deux voyageurs vont à la rencontre l'un de l'autre; le premier fait 4 kilomètres $\frac{3}{4}$ par heure; le second, 5 kilomètres $\frac{1}{7}$; combien mettront-ils de temps pour se rencontrer, si la distance qui les sépare est de 52 kilomètres $\frac{1}{2}$?

976. Deux convois de chemin de fer vont à la suite l'un de l'autre; le premier, qui fait 28 kilomètres $\frac{1}{5}$ par heure, a une avance de 52 kilomètres; le second fait 34 kilomètres $\frac{1}{2}$ par heure; combien mettront-ils de temps pour se rencontrer?

CONVERSION DES NOMBRES DÉCIMAUX EN FRACTIONS ORDINAIRES.

253. Pour convertir un nombre décimal en fraction ordinaire, on écrit ce nombre abstraction faite de la virgule, et on lui donne pour dénominateur l'unité suivie d'autant de zéros qu'il contient de chiffres décimaux. Ex: $14,735 = \dfrac{14735}{1000}$.

Convertir en fractions ordinaires :

977. 5,2 ; 8,31 ; 16,40 ; 19,3 ; 61,34 ; 72,3 ; 45,76.

978. 41,351 ; 16,02 ; 48,979 ; 70,34 ; 1,07 ; 2038.

CONVERSION DES FRACTIONS ORDINAIRES EN NOMBRES DÉCIMAUX.

254. Pour convertir une fraction ordinaire en nombre décimal, on divise le numérateur de la fraction par son dénominateur. Ex. :

$$\frac{3}{5} = 3 : 5 = 0, 6.$$

Convertir en nombres décimaux :

979. $\dfrac{4}{5}$; $\dfrac{8}{25}$; $\dfrac{2}{10}$; $\dfrac{16}{20}$; $\dfrac{8}{32}$; $\dfrac{6}{48}$; $\dfrac{16}{42}$; $\dfrac{15}{45}$; $\dfrac{3}{16}$; $\dfrac{3}{80}$; $\dfrac{5}{6}$.

980. $\dfrac{5}{7}$; $\dfrac{8}{9}$; $\dfrac{14}{32}$; $\dfrac{63}{213}$; $\dfrac{45}{512}$; $\dfrac{73}{418}$; $\dfrac{519}{1825}$; $\dfrac{3241}{54278}$.

QUESTIONNAIRE.

218. Qu'est-ce qu'une fraction ? — 219. Comment écrit-on les fractions ? — 220. Qu'est-ce que le numérateur ? — 221. Qu'est-ce que le dénominateur ? — 222. Qu'est-ce qu'une expression fractionnaire ? — 223. Qu'appelle-t-on nombre fractionnaire ? — 224. Comment fait-on pour lire une fraction ? — 225. Comment lit-on un nombre fractionnaire ? — 226. Comment fait-on pour extraire les entiers contenus dans une expression fractionnaire ? — 227. Comment convertit-on un nombre entier en fraction ? — 228. Comment convertit-on un nombre fractionnaire en expression fractionnaire ? — 229. Comment fait-on pour rendre une fraction 2, 3, 4, etc., fois plus grande ? — 230. Comment rend-on une fraction 2, 3, 4, etc., fois plus petite ? — 231. Quand la valeur d'une fraction ne change-t-elle pas ? — 232. Qu'est-ce que simplifier une fraction ? — 233. Comment fait-on pour simplifier une fraction ? — 234. Qu'est-ce que réduire des fractions au même dénominateur ? Comment fait-on cette réduction ? — 235. Combien y a-t-il de cas à observer dans l'addition des fractions ? — 236. Citez la règle du premier cas. — 237. — la règle du second cas. — 238. Comment fait-on pour additionner des nombres fractionnaires ? — 239. Combien y a-t-il de cas à observer dans la soustraction des fractions ? — 240. Dites la règle du premier cas. — 241. — la règle du second cas. — 242. Comment opère-t-on sur les nombres

CHAPITRE XV.

Règles de trois.

I. Règle de trois simple.

255. La règle de trois simple est ainsi nommée à cause des trois quantités connues qu'elle renferme et qui servent à déterminer une quatrième quantité appelée *l'inconnue*.

Ex. : 48 ares de vigne ont produit 62 hectolitres de vin; combien en produiront 74 ares dans les mêmes conditions?

Pour trouver l'inconnue, je dis :

Si 48 ares produisent 62 hectolitres, 1 are produit 48 fois moins, ou $\dfrac{62}{48}$ et 74 ares produisent 74 fois plus, ou $\dfrac{62 \times 74}{48} = 95$ hectol. 583.

Problèmes.

981. 52 mètres de drap ont coûté 600 fr.; combien coûteront 18 mètres du même drap?

982. On a récolté 450 kilog. de figues sur 48 figuiers; quelle quantité de figues récoltera-t-on sur 215 figuiers?

983. Si 15 pruniers ont produit 130 kilog. de fruits secs, combien faudra-t-il d'arbres pour produire 760 kilog. de ces fruits?

984. 1428 kilog. de feuilles de mûrier proviennent de 42 arbres; combien faudra-t-il d'arbres pour produire 9000 kilog. de feuilles?

985. Pour 18 journées de maçon, on a donné 88 fr. 50; combien donnera-t-on pour 27 journées?

986. 76 kilog. de farine donnent 102 kilog. de pain; quelle quantité de farine faudra-t-il pour faire 648 kilog. de pain?

987. Un taillis de 25 ans a donné 72 st. 4 de bois sur une surface de 86 ares 60; quelle quantité de bois retirera-t-on d'une coupe de 15 hectares 18?

§ II. Règle de trois composée.

256. La règle de trois est composée quand elle contient plus de quatre termes.

Ex. : Pour creuser un trou de 18 mètres de long sur 4 m. 50 de largeur et 6 m. 70 de profondeur, 15 ouvriers ont mis 9 jours; combien 24 ouvriers mettront-ils de temps pour creuser une cave de 16 mètres de long, 8 m. 45 de large et 5 m. 80 de profondeur?

Je dispose les données de manière que les quantités de même nature soient placées les unes au-dessous des autres, et je représente par x la quantité inconnue. Ex. :

18 m.　　4 m. 50　　6 m. 70,　　15 ouv.　　9 j.
16 m.　　8 m. 45　　5 m. 80　　24 ouv.　　x

J'écris ensuite la quantité correspondante à x; et je dis, en ramenant à l'unité.

Si, au lieu d'avoir 18 mètres de long, le trou avait 1 mètre, il faudrait 18 fois moins de jours,

ou : .... $\dfrac{9}{18}$.

Si, au lieu d'avoir 4 m. 50 de large, le trou avait 1 mètre, il faudrait 4,50 fois moins de jours,

$$\text{ou} : \frac{9}{18 \times 4,50}.$$

Si, au lieu de 6 m. 70 de profondeur, le trou avait 1 mètre, il faudrait 6,70 fois moins de jours,

$$\text{ou} : \frac{9}{18 \times 4,50 \times 6,70}.$$

Si, au lieu de 15 ouvriers il y en avait 1, il faudrait 15 fois plus de jours,

$$\text{ou} : \frac{9 \times 15}{18 \times 4,50 \times 6,70}.$$

Si, au lieu d'avoir 1 mètre de long, la cave avait 16 mètres, il faudrait 16 fois plus de jours,

$$\text{ou} : \frac{9 \times 15 \times 16}{18 \times 4,50 \times 6,70}.$$

Si, au lieu d'avoir 1 mètre de large, la cave avait 8 m. 45, il faudrait 8,45 fois plus de jours,

$$\text{ou} : \frac{9 \times 15 \times 16 \times 8,45}{18 \times 4,50 \times 6,70}.$$

Si, au lieu d'avoir 1 mètre de profondeur, la cave avait 5 m. 80, il faudrait 5,80 fois plus de jours,

$$\text{ou} : \frac{9 \times 15 \times 16 \times 8,45 \times 5,80}{18 \times 4,50 \times 6,70}.$$

Si, au lieu d'un ouvrier, il y en avait 24, il faudrait 24 fois moins de jours,

$$\text{ou} : \frac{9 \times 15 \times 16 \times 8,45 \times 5,80}{18 \times 4,50 \times 6,70 \times 24} = 8 \text{ jours} \frac{77}{603}.$$

Problèmes.

988. Une pièce de bois de 7 m. 80 de long, 0 m. 47 de large et 0 m. 51 de hauteur, coûte 68 fr. 85;

combien coûte une autre pièce du même bois de 8 m. 35 de long, 0 m. 38 de large, et 0 m. 42 de hauteur ?

989. Pour carreler une chambre de 6 m. 25 de long sur 5 m. 42 de large, on doit employer 840 grands carreaux ; combien en emploiera-t-on pour carreler une chambre de 8 m. 34 de long sur 6 m. 90 de large?

990. On a employé 6408 mètres cubes de fumier pour couvrir un champ de 75 m. 82 de long sur 58 m. 65 de large ; quelle quantité de fumier emploiera-t-on pour fumer un champ de 85 m. 90 de long sur 48 m. 30 de large ?

991. 25 ouvriers ont mis 43 jours de 8 heures de travail pour construire un pont de chemin de fer ; combien 18 ouvriers mettraient-ils de jours de 9 heures pour construire un autre pont dont la longueur serait d'un tiers plus grande ?

992. Une machine à battre a produit 840 doubles-décalitres d'avoine en 3 jours ; combien mettra-t-elle de jours pour battre 14760 gerbes, sachant que 100 gerbes donnent 13 doubles-décalitres de grain ?

QUESTIONNAIRE.

235. Qu'est-ce que la règle de trois simple ? — 236. Qu'est-ce que la règle de trois composée ?

CHAPITRE XVI.

Règle d'intérêt simple.

257. L'*intérêt* est le bénéfice que produit une somme prêtée. La somme prêtée s'appelle le *capital*. Le *taux* est l'intérêt de 100 francs en un an.

258. On écrit en abrégé : 3 0/0, au lieu de 3 fr. pour 100 francs ; 5 0/0, au lieu de 5 francs pour 100 francs, etc.

I. L'INTÉRÊT EST INCONNU.

Ex. I.: Quel est l'intérêt de 1348 francs placés à 5 0/0 pendant un an ?

Si 100 fr. en 1 an, produisent 5 fr.,

1 fr. produit 100 fois moins, ou : $\dfrac{5}{100}$,

1348 fr. prod. 1348 fois plus, ou : $\dfrac{5 \times 1348}{100} = 67$ fr. 40

Ex. II : Quel serait l'intérêt de 1348 francs placés à 5 0/0 pendant 4 ans ?

L'intérêt d'un an est :... $\dfrac{5 \times 1348}{100}$

L'intérêt pour 4 ans serait

4 fois plus grand, ou :..... $\dfrac{5 \times 1348 \times 4}{100} = 269$ fr. 60

259. Donc, *pour trouver l'intérêt pendant un certain nombre d'années*, on multiplie le capital par le taux et par le nombre d'années, puis on divise par 100 le produit obtenu.

Ex. III. Quel serait l'intérêt de 2647 francs placés à 5 0/0 pendant 4 mois ?

L'intérêt d'un an serait :... $\dfrac{5 \times 2647}{100}$.

L'intérêt d'un mois serait

12 fois moins grand, ou :.... $\dfrac{5 \times 2647}{100 \times 12}$.

L'intérêt de 4 mois serait

4 fois plus grand, ou :.. $\dfrac{5 \times 2647 \times 4}{100 \times 12} = 44$ fr. 11.

260. Donc, *pour trouver l'intérêt pendant un certain nombre de mois*, on multiplie le capital par le taux et par le nombre de mois, puis on divise par 1200 le produit obtenu.

Ex. IV. Trouver l'intérêt de 1560 francs placés à 5 0/0 pendant 148 jours.

L'intérêt d'un an est :.. $\dfrac{5 \times 1560}{100}$.

Pour un jour, l'intérêt sera 360 fois moins grand, ou :...................... $\dfrac{5 \times 1560}{100 \times 360}$.

Pour 148 jours, l'intérêt sera 148 fois plus grand, ou :...................... $\dfrac{5 \times 1560 \times 148}{100 \times 360} = 32$ fr. 06.

261. Donc, *pour trouver l'intérêt pendant un certain nombre de jours*, on multiplie le capital par le taux et par le nombre de jours, puis on divise par 36000 le produit obtenu.

Problèmes.

Trouver l'intérêt

993.	de	418 fr.		à 5	0/0	pour	1 an.
994.	de	1607 fr.		à 6	0/0	—	3 ans.
995.	de	4315 fr.		à 3,5	0/0	—	4 ans.
996.	de	8051 fr.		à 4	0/0	—	6 ans.
997.	de	12600 fr.		à 5	0/0	—	3 ans.
998.	de	6730 fr.		à 6	0/0	—	8 ans.
999.	de	415 fr.	75	à 3	0/0	—	4 ans.
1000.	de	820 fr.	30	à 4,5	0/0	—	5 ans.
1001.	de	6540 fr.		à 6	0/0	—	1 mois.
1002.	de	739 fr.	80	à 6	0/0	—	8 mois.
1003.	de	2451 fr.		à 5	0/0	—	4 mois.
1004.	de	3117 fr.	60	à 4	0/0	—	5 mois.
1005.	de	8532 fr.	46	à 5	0/0	—	7 mois.
1006.	de	2500 fr.		à 6	0/0	—	125 jours.
1007.	de	4339 fr.	80	à 5	0/0	—	68 jours.
1008.	de	15436 fr.	25	à 4,5	0/0	—	240 jours.

II. LE CAPITAL EST INCONNU.

Quel est le capital qui, placé à 6 0/0 pendant trois ans, a produit 720 francs d'intérêts ?

$$\text{L'intérêt du capital en un an} = \frac{720}{3} = 240 \text{ fr.}$$

Or, si 6 fr. proviennent de 100 fr.

$$1 \text{ fr. provient de } \frac{100}{6}.$$

$$240 \text{ fr. proviennent de } \frac{100 \times 240}{6} = 4000 \text{ fr.}$$

III. LE TAUX EST INCONNU.

A quel taux a été placée une somme de 6000 fr. qui a produit en quatre ans 1200 francs d'intérêt ?

$$\text{L'intérêt d'un an est} : \ldots \ldots \frac{1200}{4} = 300 \text{ fr.}$$

6000 fr., en un an, ont produit. . . . . 300 fr.

$$1 \text{ fr. a produit} \ldots \ldots \ldots \frac{300}{6000}.$$

$$100 \text{ fr. ont produit } \frac{300 \times 100}{6000} = 5 \text{ fr.}$$

IV. LE TEMPS EST INCONNU.

Pendant combien de temps une somme de 4730 fr. a-t-elle été placée à 5 0/0 par an pour avoir produit 709 fr. 50 ?

$$\text{L'intérêt d'un an est} : \frac{4730 \times 5}{100} = 236 \text{ fr. } 50.$$

Autant de fois 236 fr. 50 seront contenus dans 709 fr. 50, pendant autant d'années le capital aura été placé. Or, 709,50 : 236,50 = 3 ans.

257. Qu'est-ce que l'intérêt? Qu'est-ce que le capital? Qu'est-ce que le taux? — 258. Comment écrit-on en abrégé 3 francs pour 100 francs, etc.? — 259. Comment trouve-t-on l'intérêt pour un certain nombre d'années? — 260. Comment trouve-t-on l'intérêt pendant un certain nombre de mois? — 261. Comment trouve-t-on l'intérêt pour un certain nombre de jours?

CHAPITRE XVII.
Règle d'escompte.

262. On appelle *escompte* la retenue que le banquier fait subir à un billet lorsque le porteur de ce billet veut être payé avant l'échéance.

263. On appelle *billet* une promesse écrite de payer une certaine somme.

264. Les questions d'escompte commercial tel qu'il est usité en France ne diffèrent point des questions d'intérêt.

265. Le taux ordinaire est 6 0/0 pour les billets de commerce.

Ex. : Quelle est la valeur actuelle d'un billet de 740 francs payable dans 65 jours?

L'escompte à 6 0/0 sera : $\dfrac{740 \times 6 \times 65}{36000} = 8$ fr.

La valeur du billet est 740 — 8 = 732 fr.

Problèmes.

Trouver la valeur actuelle d'un billet

1009.	de 920 fr.	payable dans 78 jours.		
1010.	de 1416 fr.	—	42	—
1011.	de 6730 fr.	—	29	—
1012.	de 435 fr. 78	—	90	—
1013.	de 1734 fr. 60	—	60	—
1014.	de 8049 fr. 50	—	45	—

CHAPITRE XVIII.

Rentes sur l'État. — Valeurs diverses.

266. Lorsque l'État fait appel au crédit public, il remet un *titre* en échange de l'argent qu'on lui prête. Ce titre diffère des autres titres d'emprunt, en ce que sa valeur peut varier suivant les circonstances politiques ou commerciales.

267. Le *cours de la rente* est ce qu'il faut donner pour avoir 3 fr., 4 fr., etc., de rente.

Ex. I. TROUVER LA RENTE.

Combien, pour 4202 fr. 10, aura-t-on de rente 3 0/0, au cours de 58 francs?

58 fr. rapportent   3 fr.

1 fr. rapportera $\dfrac{3}{58}$

4202 fr. 10 rapporteront $\dfrac{3 \times 4202,10}{58} = 217$ fr. 35.

Ex. II. TROUVER LE COURS DE LA RENTE.

Pour 4202 fr. 10 on a eu 217 fr. 35 de rente 3 0/0; quel était le cours de la rente?

217 fr. 35 de rente ont coûté 4202 fr. 10.

1 fr.   —   a coûté $\dfrac{4202,10}{217,35}$

et 3 fr. de rente ont coûté $\dfrac{4202,10 \times 3}{217,35} = 58$ fr.

Ex. III. TROUVER LE PRIX DE LA RENTE.

Combien coûtent 217 fr. 35 de rente 3 0/0 au cours de 58 francs ?

3 fr. de rente coûtent   58 fr.

1 fr.   —   coûte $\dfrac{58}{3}$.

217 fr. 35 —   coûtent $\dfrac{58 \times 217,35}{3} = 4202$ fr. 10.

Ex. IV. TROUVER LE TAUX.

A quel taux place-t-on son argent quand on achète du 3 0/0 au cours de 58 fr. ?

58 fr. rapportent   3 fr.

1 fr. rapporte $\dfrac{3}{58}$.

100 fr. rapportent $\dfrac{3 \times 100}{58} = 5$ fr. 17.

Problèmes.

1015. Combien, pour 25432 fr., aura-t-on de rente 5 0/0 au cours de 89 fr. 70 ?

1016. Pour avoir 615 fr. de rente 3 0/0, il a fallu débourser 12300 fr.; quel était le cours de la rente ?

1017. A quel taux place-t-on son argent quand on achète du 4,5 0/0 au cours de 88 fr. 50 ?

1018. Quelle somme devra-t-on débourser pour acheter 27 obligations 5 0/0 du chemin de fer du Nord, au cours de 362 fr. 25 ?

1019. A quel taux place-t-on son argent quand on achète des obligations 5 0/0 du canal de Suez à 445 fr. 60, et rapportant 25 fr. d'intérêt annuel ?

QUESTIONNAIRE.

266. Qu'est-ce qu'un titre de rente? Le titre de rente change-t-il de valeur? — 267. Qu'est-ce que le cours de la rente?

CHAPITRE XIX.

Règle des moyennes.

268. On appelle *moyenne arithmétique* de plusieurs quantités le résultat qu'on obtient en divisant la somme de ces quantités par leur nombre. Ainsi la moyenne des quantités 6, 8, 13 est :

$$\frac{6+8+13}{3} = 9.$$

Trouver la moyenne arithmétique des nombres :

1020. 6, 7, 3; 4, 5, 6, 7, 3; 8, 9, 15, 6, 2, 9, 3.
1021. 9, 6, 5; 6, 8, 12, 25; 17, 31, 3, 6, 7, 4.
1022. 10, 16, 32, 46; 9, 8, 6, 5, 49; 36, 68, 25.
1023. 19, 23, 41, 56, 0,37; 9, 27, 32, 6, 8, 10.

1024. $\dfrac{3}{4}, \dfrac{4}{5}, \dfrac{7}{9}; \dfrac{6}{7}, \dfrac{4}{5}, \dfrac{7}{8}, \dfrac{25}{47}; \dfrac{2}{3}, \dfrac{7}{8}, \dfrac{1}{2}.$

Problèmes.

1025. On a mélangé ensemble 1 hectol. de blé à 23 fr. et 1 hectol. de seigle à 15 fr.; à combien revient 1 hectol. du mélange?

1026. On a mêlé ensemble, par parties égales, 4 sortes de cafés : la 1re à 3 fr. 20 le kilog.; la 2e à 2 fr. 75 le kilog.; la 3e à 3 fr. 45 le kilog.; la 4e à 3 fr. 10 le kilog.; quel est le prix du kilog. de ce mélange?

QUESTIONNAIRE.

268. Qu'appelle-t-on moyenne arithmétique de plusieurs quantités?

CHAPITRE XX.

Règle d'alliage et de mélange.

Ex. I. On mêle ensemble 128 litres de vin à 0 fr. 65 le litre; 42 litres de Roussillon à 0 fr. 75 le litre et 168 litres de vin de Bourgogne à 0 fr. 57 le litre. Quel est le prix d'un litre du mélange?

128 litres coûtent $128 \times 0,65 =$ 83 fr. 20
 42   — $42 \times 0,75 =$ 31 fr. 50
168   — $168 \times 0,57 =$ 95 fr. 76

338 litres coûtent   210 fr. 46

1 litre coûtera $\dfrac{210,46}{338} = 0$ fr. 62.

Ex. II. Pour faire de la soudure, un plombier fond ensemble 13 kilog. d'étain à 3 fr. 65 le kilog. et 26 kilog. de plomb à 0 fr. 87 le kilog. ; à combien revient le kilog. de cette soudure?

13 kilog. d'étain valent $13 \times 3,65 = 47$ fr. 45
26 kilog. de plomb valent $26 \times 0,87 = 22$ fr. 62

39 kilog. coûtent   70 fr. 07

1 kilog. coûtera : $\dfrac{70,07}{39} = 1$ fr. 79.

Problèmes.

1027. Pour fabriquer de l'huile, un cultivateur a mêlé ensemble 14 doubles-décalitres de navette de 1re qualité, à 6 fr. 25 l'un, et 18 doubles de 2e qualité, à 5 fr. 20; quel est le prix d'un double-décalitre et d'un litre du mélange?

1028. On mêle ensemble 3 sortes de farines, savoir : 35 quintaux à 47 fr. 60 le quintal; 28 quintaux à 51 fr. 25 et 36 quintaux à 48 fr.; à combien revient le quintal du mélange?

1029. On fond ensemble 53 kilog. 700 de cuivre à 4 fr. 20 le kilog.; 6 kilog. d'étain à 2 fr. 50 le kilog. et 1 kilog. 300 de zinc à 0 fr. 62 le kilog.; quel est le prix d'un kilog. de l'alliage?

1030. Un cabaretier mêle ensemble 150 lit. de vin de Bourgogne à 0 fr. 62 le litre et 45 lit. de Roussillon à 0 fr. 95 le litre; il ajoute 25 lit. d'eau; à combien revient le litre du mélange?

CHAPITRE XXI.

Quantités proportionnelles.

---

269. On dit que des grandeurs sont *directement proportionnelles* à d'autres, quand les premières augmentent ou diminuent avec les secondes.

Ainsi, les nombres 4 et 5 sont respectivement proportionnels à 12 et à 15, c'est-à-dire que si 12 et 15 deviennent 2, 3, etc. fois plus grands ou plus petits, les nombres 4 et 5 le deviennent également.

Ex. I. Partager 414 fr. proportionnellement aux nombres 4, 6, 8.

La somme des nombres 4, 6, 8, étant 18, si la somme à partager était 18, la première part serait 4, la deuxième 6, la troisième 8.

Les parts seront donc autant de fois ces quantités que 18 sera contenu dans 414. Or, $\dfrac{414}{18} = 23$.

La première part sera donc : $4 \times 23 = 92$ fr.
La deuxième, $\qquad 6 \times 23 = 138$ fr.
La troisième, $\qquad 8 \times 23 = 184$ fr.
$$\text{Total égal,} \qquad 414 \text{ fr.}$$

Ex. II. Partager 670 fr. proportionnellement aux fractions $\frac{3}{7}, \frac{1}{2}, \frac{2}{3}$.

On réduira les fractions au même dénominateur et l'on partagera 670 proportionnellement aux numérateurs. Or, les fractions $\frac{3}{7}, \frac{1}{2}, \frac{2}{3}$, réduites au même dénominateur, donnent $\frac{18, \ 21, \ 28}{42}$.

On partagera donc 670 proportionnellement à 18, à 21 et à 28.

La première part sera : $\dfrac{670 \times 18}{67} = 180$ fr.

La deuxième, $\dfrac{670 \times 21}{67} = 210$ fr.

La troisième, $\dfrac{670 \times 28}{67} = 280$ fr.

Problèmes.

1031. Partager 1475 fr. proportionnellement aux nombres 4, 7, 26.

Partager 2415 fr. proportionnellement aux fractions : $\frac{3}{4}, \frac{7}{8}, \frac{3}{5}$.

1032. Trois personnes ont fait fabriquer 41 lit. 50 d'huile de navette ; la 1re a fourni 3 doubles-décalitres 25 de graine ; la 2e, 4 doubles-décalitres 15 ; la 3e, 2 doubles-décalitres. Quelle quantité d'huile chaque personne doit-elle avoir ?

1033. Quelle doit être pour chacune des personnes désignées dans le problème précédent, la part des frais de fabrication, qui se sont élevés à 9 fr. 80?

269. Quand dit-on que des grandeurs sont directement proportionnelles à d'autres?

CHAPITRE XXII.

Règle de société.

---

270. La règle de société a pour objet le partage d'un bénéfice ou d'une perte entre plusieurs associés.

Ex. I. 3 négociants se sont associés pour le commerce des farines ; le premier a mis dans l'association, 40000 fr.; le deuxième, 35000 fr.; le troisième, 16000 fr.; après un an, ils ont fait 9100 fr. de bénéfice ; quelle doit être la part de chacun dans ce bénéfice?

La somme des mises est :
$$40000 + 35000 + 16000 = 91000 \text{ fr.}$$
En divisant chaque part par 1000, on aura :

$$\text{Pour la part du premier,} \quad \frac{9100 \times 40}{91} = 4000$$

$$\text{—} \quad \text{du deuxième,} \quad \frac{9100 \times 35}{91} = 3500$$

$$\text{—} \quad \text{du troisième,} \quad \frac{9100 \times 16}{91} = 1600$$

$$\text{Total égal,} \qquad \qquad 9100$$

Ex. II. 4 négociants se sont associés pour le commerce des denrées coloniales ; le premier a laissé dans la société 15000 fr. pendant 12 mois ; le deuxième, 8000 fr. pendant 8 mois; le troisième, 6000 fr. pendant 7 mois, et le quatrième, 18000 fr. pendant 9 mois. Ils ont fait un bénéfice de 4480 fr. Quelle doit être la part de chacun dans ce bénéfice?

Le partage se fera proportionnellement aux mises et aux temps pendant lesquels ces mises sont restées dans le commerce. On opérera donc commé si

Le premier avait placé $15000 \times 12 = 180000$ f.
Le deuxième, $8000 \times 8 = 64000$
Le troisième, $6000 \times 7 = 42000$
Le quatrième $18000 \times 9 = 162000$

Divisant chaque produit par 1000, on aura:

$$\text{Pour la part du premier,} \quad \frac{4480 \times 180}{448} = 1800$$

$$- \quad \text{du deuxième,} \quad \frac{4480 \times 64}{448} = 640$$

$$- \quad \text{du troisième,} \quad \frac{4480 \times 42}{448} = 420$$

$$- \quad \text{du quatrième,} \quad \frac{4480 \times 162}{448} = 1620$$

$$\text{Total égal,} \quad 4480$$

Problèmes.

1034. 5 ouvriers ont reçu pour un travail 1640 fr. 20; le 1er a travaillé pendant 60 jours; le 2e, pendant 112 jours; le 3e, pendant 56 jours; le 4e, pendant 67 jours; le 5e, pendant 87 jours; combien chacun a-t-il dû recevoir?

1035. 2 commerçants se sont associés pour l'achat et la vente des bestiaux; le 1er a avancé 18000 fr.; le 2e, 8750 fr. Ils ont gagné 4300 fr.; combien revient-il à chacun, si le 1er a déjà reçu 1650 fr.?

1036. 3 négociants ont mis dans un commerce, savoir: le 1er 4300 fr. qu'il a laissés pendant 15 mois;

le 2ᵉ, 15000 fr. qu'il a laissés pendant 7 mois; le 3ᵉ, 3740 fr. qu'il a laissés pendant 18 mois. Ils ont gagné 3980 fr. 70. Que revient-il à chacun, si le 1ᵉʳ doit prélever d'abord 140 fr. pour les soins qu'il a donnés au commerce ?

QUESTIONNAIRE.

271. Qu'est-ce que la règle de société ?

CHAPITRE XXIII.

Règle du temps pour les paiements.

---

271. La règle du temps pour les paiements a pour objet de régler les conditions de paiement entre les débiteurs et les créanciers :

Ex. I. Une personne a acheté pour 1840 fr. de marchandises payables ainsi qu'il suit, savoir : 580 fr. au bout de 3 mois; 740 fr. au bout de 5 mois, et 520 fr. au bout de 9 mois. Elle veut se libérer en un seul paiement; à quelle échéance sera ce paiement ?

L'acheteur a droit à l'intérêt

De 580 fr. pendant 3 mois ou à l'intérêt de $580 \times 3 = 1740$ fr. pendant 1 mois.

De 740 francs pendant 5 mois ou à l'intérêt de $740 \times 5 = 3700$ fr. pendant 1 mois.

De 520 francs pendant 9 mois ou à l'intérêt de $520 \times 9 = 4680$ fr. pendant 1 mois.

En tout, il a droit à l'intérêt de 10120 fr. pendant 1 mois.

Il devra donc payer 1840 fr. au bout d'un nombre de mois égal à $\dfrac{10120}{1840} = 5$ mois 1/2.

Ex. II. Un fermier a acheté pour 4000 fr. de bestiaux payables dans 10 mois. Il donne 850 fr. au bout de 1 mois; 1500 fr. au bout de 3 mois, et 1200 fr. au bout de 6 mois. On demande pendant combien de temps il pourra garder le reste pour compenser les avances qu'il a faites.

Le fermier a profité de l'intérêt des sommes suivantes, savoir :

$$850 \times 1 = 850 \text{ fr. pendant 1 mois.}$$
$$1500 \times 3 = 4500 \text{ fr.} \qquad —$$
$$1200 \times 6 = 7200 \text{ fr.} \qquad —$$

C'est-à-dire de l'intérêt de 12550 fr. pendant 1 mois.

Il avait droit à l'intérêt de $4000 \times 10 = 40000$ fr. pendant 1 mois ; il lui est redû l'intérêt de $(40000 - 12550) = 27450$ fr. pendant 1 mois.

Mais il redoit $4000 - (850 + 1500 + 1200) = 450$ fr. qu'il pourra garder pendant un nombre de mois égal à $2745 : 450 = 6$ mois.

Problèmes.

1037. Une personne a acheté 1548 kilog. de suif à raison de 1 fr. 12 le kilog. Elle doit payer $\frac{1}{3}$ au bout de 15 jours, $\frac{1}{3}$ au bout de 30 jours, et le reste au bout de 45 jours ; comme elle veut se libérer en un seul paiement, on demande l'époque de ce paiement.

1038. J'ai acheté 700 doubles-décalitres de colza à 4 fr. 75 l'un, payables dans 120 jours. Je donne 800 fr. au bout de 40 jours; 10 jours après, je donne 1500 fr.; combien de temps puis-je garder le reste ?

QUESTIONNAIRE.

271. Qu'est-ce que la règle du temps pour les paiements ?

CHAPITRE XXIV.

Nombres complexes.

272. L'année civile se divise en 365 jours; le jour, en 24 heures; l'heure, en 60 minutes; la minute en 60 secondes.

273. La circonférence de cercle se divise en 360 degrés; le degré, en 60 minutes; la minute, en 60 secondes.

274. Le jour s'indique par j., l'heure par h., la minute par le signe ′, la seconde par le signe ″, le degré par °. Ex. : Le nombre treize degrés trois minutes seize secondes, s'écrira : 13° 3′ 16″.

275. Voici comment on opère pour convertir des mesures principales en mesures plus petites et réciproquement.

Ex. I. Convertir 4^h 16′ 34″ en secondes :

$4^h = 4 \times 60' = 240'$.

$240' + 16' = 256'; 256' = 256 \times 60 = 15360''$.

$15360'' + 34'' = 15394''$.

Ex. II. Convertir 34795″ en heures.

Il faut 60″ pour 1 minute;

34795″ valent donc $34795 : 60 = 579'$ 55″.

579′ valent $579 : 60 = 9^h$ 39′.

Donc, $34795'' = 9^h$ 39′ 55″.

276. ADDITION. Réunir les nombres suivants :

3 j. 7^h 18′ 50″; 15^h 36′ 48″; 29 j. 4^h 7′ 3″.

Opération :

3j.	7^h	18′	50″
	15^h	36′	48″
29j.	4^h	7′	3″
33j.	3^h	2′	41″

On fait séparément la somme des secondes, celle des minutes, etc., et lorsque la somme est assez forte pour composer des unités de l'ordre immédiatement supérieur, on les retient pour les ajouter aux unités de cet ordre.

277. SOUSTRACTION. Soit proposé de retrancher 6j. 14ʰ 27′ 18″ de 15j. 16ʰ 18′ 42″.

Opération :

15j. 16ʰ 18′ 42″   On retranche séparément
 6j. 14ʰ 27′ 18″   les secondes des secondes, les
————————————   minutes des minutes, etc. Si
 9j. 1ʰ 51′ 24″   l'un des nombres à retrancher surpasse celui dont on doit le soustraire, on emprunte une unité sur l'ordre immédiatement supérieur, unité que l'on convertit en unités inférieures pour les ajouter au nombre trop faible. Ainsi, 27′ ne pouvant être retranché de 18′, on emprunte sur le nombre 16 une heure que l'on convertit en 60 minutes et que l'on ajoute à 18, ce qui donne 78′ — 27′ = 51′. On continue en disant : de 15 ôtez 14, reste 1, etc.

278. MULTIPLICATION ET DIVISION. Dans la multiplication et dans la division, on convertit les nombres en unités de l'ordre inférieur ; puis on opère comme sur les nombres entiers.

Ex. I. : Multiplier 19j. 16ʰ 25′ par 8.

19j. 16ʰ 25′ = 28345′.

On aura : 28345′ × 8 = 226760′ = 157j 11ʰ 20′.

Ex. II. Diviser 157j. 11ʰ 20′ par 8.

157j. 11ʰ 20 = 226760′.

226760′ : 8 = 28345′ = 19j. 16ʰ 25′.

FIN

TABLE DES MATIÈRES.

— Paris, Typ. Morris père et fils, rue Amelot, 64.